L'ANALYSE SWOT

2021

Développer des forces
pour diminuer les
faiblesses de votre entreprise

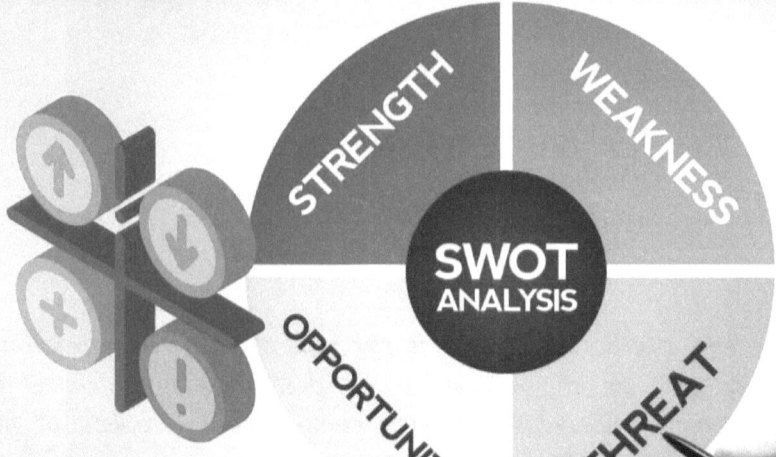

UN OUTIL CLÉ POUR DÉVELOPPER VOTRE STRATÉGIE D'ENTREPRISE (MANAGEMENT & MARKETING)

Charles-riss & Live LOMBA

©Ets. LA VERITE BUSINESS, 2021

ISBN : 979-8-71454-222-0

Le code de la propriété intellectuelle du 1ère **juillet 1992** n'autorisant, aux termes de l'article L**122-5**, **2**ème et **3**ème Alinéa, d'une part, que les « copies ou reproductions strictement réservées à l'usage personnelle du copiste et non destinées à une utilisation collective » et d'autre part, que les analyses et illustration, « toute représentation ou reproduction intégrale ou partielle faire sans le consentement de l'auteur ou de ses ayants droit ou ayants cause est illicite »art : L 122-4.

Table des matières

Sommaire 7
L'AUTEUR 8
NOTE DE L'AUTEUR 9
AVANT-PROPOS 10
D'OU VIENNENT NOS RECHERCHES ? 10
   2. **Analyse du trafic du site Web** 11
   4. **Données publicitaires en ligne** 11
   6. **Données sur les médias sociaux** 12
INTRODUCTION 13
CHAP 1 : LES STRATEGIES IMPORTANTES POUR REUSSIR L'ANALYSE SWOT 14
   PARTI 1 : LA STRATEGIE MARKETING DEVIENT LE LEVIER DES ENTREPRISE PERFORMANTE 14

L'analyse SWOT est très importante pour tous entrepreneurs qui veulent se lancer sur le marché. Cela nous permet de développer une stratégie beaucoup plus adapté a notre situation (interne et externe) en tenant compte des concurrents. 14

Vous pouvez vous appuyer sur l'analyse SWOT. Bien sûr l'essentiel est d'analyser les forces et faiblesses de votre organisation, mais ce sera un plus d'analyser le marché, son évolution, les demandes des clients, la concurrence et comment celle-ci est organisée ou se réorganise, les fournisseurs aussi, comment ils sont organisés, comment la digitalisation de l'entreprise modifie les processus… ce qui permettra d'avoir une analyse plus ouverte et plus complète. 14

      1- Distinguer l'Externe de l'Interne 15
      2- S'appuyer sur des faits, pas sur des intuitions 16
      3- Préciser et chiffrer les données 16
      4- Prioriser les faits 16
      5- Etre synthétique, aller à l'essentiel 16
      6- Mettre l'analyse en perspective des objectifs généraux 16
      7- Faire le lien entre SWOT et les recommandations 16
      8- Définir le champ d'action du SWOT 17
      9- Identifier les Menaces, Opportunités, Forces ou Faiblesses 17
      10- Etayer avec des annexes 17
   PARTI 2 : MARKETING DE SOI: LE SWOT PERSONNEL 18
      SWOT personnel de Cédric 18
      A l'issue de son SWOT, Cédric envisage: 19
   PARTI 3 : LE SWOT EN MARKETING DES SERVICES BTOB EST TOUT A FAIT ADEQUAT. 20
      La société Formans 20
      Les données externes 20
      Les données internes 21

Le SWOT en marketing des services BtoB 22
A retenir pour l'analyse externe: 24
A retenir pour l'analyse interne du SWOT: 24
SWOT: comparaison des données externes et internes: 24
Les 3 étapes du marketing stratégique en B2B 25
    La liste des aides à la décision 25
    1- Considérer le digital comme un espace 27
    2- Quatre questions clés pour sa stratégie digitale 27
    3- Utiliser le mobile comme un pont entre le virtuel et le réel 27
    4- Elaborer un projet d'architecture globale 27
    5- Comprendre l'usage du digital 29
    Le digital permet de développer un marketing d'influence, notamment via le Social Média, mais pas uniquement. C'est pourquoi, la compréhension des usages d'Internet permet d'avoir une vision globale: 29
    6- Comprendre les motivations d'utilisation d'Internet 29
    7- Connaître les lieux et chemins fréquentés 30
    8- Répondre aux critères de décision des internautes 30
    9- Arbitrer et hiérarchiser les priorités 31
    10- Une stratégie digitale autour du parcours client 31

Le positionnement est un élément fondateur de la stratégie marketing et communication. Il joue un rôle primordial dans la décision d'achat des clients. Il est garant de la COHERENCE du mix-marketing (produit, prix, distribution, promotion). 31
    Deux phases interviennent dans la création du positionnement : 32
    Pour être pertinent, un positionnement doit répondre aux questions suivantes : 32
    Pour exprimer le positionnement marketing dans un message publicitaire, 3 pistes sont possibles : 33

PARTI 4 : COMMENT METTRE VOTRE PRODUIT EN « POLE POSITION » ? 34
Au départ, un principe de base 34
    1er pilier sur 4 de la démarche : le QUI 35
    Voici les paramètres à maîtriser : 35
    2ème pilier : le QUOI 35
    C'est à la fois facile et délicat car cela suppose que : 35
    3ème pilier : le POURQUOI 36
    Les conditions de réussite sont : 36
    4ème pilier : le COMMENT 37
    Les points clé du Comment sont : 37

CHAP 2 : LES ETAPES IMPORTANTES POUR LA REUSSITE DE LA MATRICE SWOT 38

PARTI 1 : LES PLANS	38
1- DÉFINIR LE CHAMP D'ACTION DE LA MATRICE SWOT	38
2 – SE BASER SUR DES FAITS ET NON DES RESSENTIS OU DES IMPRESSIONS	38
3 – CHIFFRER LES DONNÉES ET S'ASSURER DE LEUR ORIGINE ET DE LEUR EXACTITUDE	39
4 – DISTINGUER L'INTERNE DE L'EXTERNE	40
5 – HIÉRARCHISER ET PRIORISER LES ÉLÉMENTS	40
6- L'IDENTIFICATION DES MENACES, OPPORTUNITÉS, FORCES ET FAIBLESSES	41
7- ETRE SYNTHÉTIQUE, ALLER À L'ESSENTIEL	42
8- METTRE L'ANALYSE EN ADÉQUATION AVEC LE PROJET D'ENTREPRISE	42
9- ORDONNER LES PRÉCONISATIONS DE LA MATRICE SWOT	43
10- PENSEZ AUX ANNEXES	44
PARTI 2 : COMMENT FAIRE UNE ANALYSE SWOT?	45
Comprendre la méthode SWOT	45
Comprendre le concept d'analyse SWOT et ses objectifs	46
Les objectifs de l'analyse SWOT	47
Environnements externes et internes dans l'analyse SWOT	48
Qu'est-ce que l'analyse SWOT de l'environnement interne ?	48
Mais comment maîtriser tout ce qui se passe dans l'entreprise ?	48
Département de marketing :	49
Département financier :	49
Département de production :	50
Département administratif :	50
Comment faire l'analyse SWOT de l'environnement externe ?	51
Les agents micro-environnementaux :	53
J'ai mon tableau SWOT. Et maintenant?	53
CHAP 3 : LA STRATEGIE, VUE COMME UN ENSEMBLE DE DECISIONS ENGAGEANT LE DEVENIR DE L'ORGANISATION, DOIT ETRE CONSIDEREE EGALEMENT DANS SA DIMENSION HISTORIQUE	59
PARTI 1 : LA DEMARCHE STRATEGIQUE MET EN EVIDENCE LES FORCES ET FAIBLESSES DE L'ORGANISATION AINSI QUE LES OPPORTUNITES ET MENACES DE SON ENVIRONNEMENT.	59
1. La définition de la stratégie	59
2. La démarche stratégique	60
La phase de diagnostic stratégique	60
La phase de fixation des objectifs stratégiques	62
Dans les entreprises	63
Dans les organisations publiques	63
Dans les organisations de la société civile	64

3. La phase du choix stratégique 64

PARTI 2 : LA DEMARCHE STRATEGIQUE DE L'ORGANISATION PREND APPUI SUR UNE VEILLE STRATEGIQUE POUR MIEUX COMPRENDRE L'ENVIRONNEMENT ET SES FLUCTUATIONS PERMANENTES. 65

    1. La veille stratégique 65

    2. Le diagnostic interne 66

    2.1. L'analyse des ressources internes de l'organisation 66

    2.2. L'analyse des compétences de l'organisation 67

    3. Le diagnostic externe... 67

    3.1. Le microenvironnement 67

    3.2. Le macro environnement 69

PARTI 3 : LA MESURE DE L'ATTEINTE DES OBJECTIFS STRATEGIQUES NECESSITE LA DEFINITION D'UN OU PLUSIEURS INDICATEURS DONT IL CONVIENT DE VERIFIER LA PERTINENCE PAR RAPPORT AUX OBJECTIFS, LA VARIETE, LA POSSIBILITE D'UNE EVALUATION DANS LE TEMPS ET DANS L'ESPACE, L'APPROPRIATION PAR LES ACTEURS CONCERNES ET LE NOMBRE DE CONFLITS INTERNES ET LEURS ORIGINES. 70

    1. Le contrôle stratégique 70

    2. Les indicateurs de mesure de la performance 71

    3. La mise en place d'actions correctrices 72

CHAP 3 : MATRICE SWOT 74

    PARTI 1 : L'ACRONYME SIGNIFIE LITTERALEMENT : *STRENGHTS, WEAKNESSES, OPPORTUNITIES, THREATS.* 74

    Pourquoi réaliser un SWOT ? 74

    Une matrice en trois étapes 75

    On commencera par un diagnostic externe. 75

    Étape 1 : le diagnostic externe 76

    Étape 2 : le diagnostic interne 76

    Étape 3 : conclusion... 77

    Qu'est-ce que la méthode PESTEL ? 78

    L'analyse PESTEL se réalise en trois étapes : 79

CONCLUSION 80

Sommaire

Copyright 2021 L'Ets. LA VERITE BUSINESS

Tous droits réservés en vertu des Conventions Nationales et internationales sur le droit d'auteur. Ce livre ne peut être reproduit, en tout ou en partie, sous quelque forme ou par quelque moyen électronique ou mécanique que ce soit, y compris par photocopie, enregistrement ou par tout système de stockage et de recherche d'informations connu ou inventé, sans l'autorisation écrite de l'éditeur

L'auteur ou l'éditeur est seul propriétaire des droits et responsable du contenu de ce livre.

ermettez-moi de vous rappelez ces choses avant d'aller plus loin :

- Il suffit de tout inventer
- Mets ton visage de jeu
- Découvrez la détente active
- Faites d'aujourd'hui un chef-d'œuvre
- Profitez de tous vos problèmes
- Rappelez à votre esprit
- Descends et deviens petit
- Faites de la publicité pour vous-même
- Sortir des sentiers battus
- Continuez à penser, continuez à penser
- Faire un bon débat
- Que les problèmes marchent pour toi
- Prenez d'assaut votre propre cerveau

L'AUTEUR

Live LOMBA, CEO Consultant Chez Ets.LA VERITE BUSINESS

Mes expériences ont forgé mon expertise du marketing interactif et ma connaissance des technologies digitales.

Après avoir mis en œuvre personnellement dans le cadre de startups l'approche de stratégie marketing et en avoir mesuré les bénéfices, j'ai décidé de créer une entreprise.

Je l'ai appelée Ets. LA VERITE BUSINESS correspondant aux activités que nous effectuons sur internet.

Devenir son propre média et convertir son audience en client, beau challenge que nous avons à cœur de relever pour nos futurs info preneurs et entrepreneurs !

Je suis manager, conférencier sur la transformation digitale, copywriter, coach et chercheur avec pour objectif de créer un électrochoc dans les entreprises et apporter des solutions rapides et fiables aux autres.

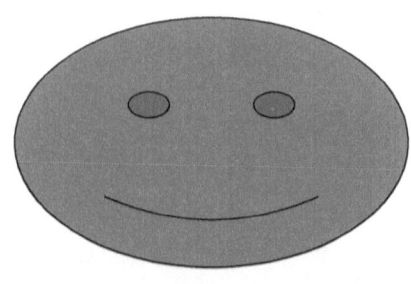

NOTE DE L'AUTEUR

Une stratégie de marketing digital représente aujourd'hui un levier de croissance primordial à adopter pour les entreprises.

Elle vous permet de perdre moins de temps dans votre prospection puisque vous décidez d'attirer vos clients potentiels. Cela vous donne la possibilité de vous concentrer davantage sur les tâches plus importantes.

Bien que cela puisse vous paraître compliqué, sachez que vous n'êtes pas seul, **Ets. LA VERITE BUSINESS** vous accompagne et vous conseil dans votre transition digitale de sorte à ce que vous puissiez la comprendre et en tirer tous les bénéfices.

Ets. LA VERITE BUSINESS
"LA SOLUTION, LA RAPIDITE, LA FIABILITE"

AVANT-PROPOS

D'OU VIENNENT NOS RECHERCHES ?

L'équipe de *l'Ets. LA VERITE BUSINESS* utilise ses propres algorithmes d'apprentissage automatique et des fournisseurs de données fiables pour présenter les données dans nos bases de données.

Nous n'utilisons que les sources de données les plus récentes et nous nettoyons toujours les données grâce à nos méthodes propriétaires afin de présenter la solution la plus fiable sur le marché.

1. Collecte de données

Pour les classements des moteurs de recherche et l'analyse des mots clés, nous utilisons des fournisseurs de données tiers pour collecter les pages de résultats de recherche réelles de Google.

Ensuite, nous recueillons des informations sur les sites Web qui sont répertoriés dans les 100 premières positions.

Nous étudions les deux résultats de recherche organiques ainsi que les résultats de recherche payés pour vous donner une image complète de la visibilité de n'importe quel site Web sur Google.

1. Analyse et présentation

À partir de ces mots clés et domaines, nous examinons les données en direct et données historiques sur les changements de position et le classement des domaines dans les positions de recherche organiques et payantes pour créer notre suite de rapports qui montrent les changements de position d'un site Web.

La recherche de chaque mot clé Volume, coût par clic, et plus d'informations qui sont utiles pour les spécialistes du marketing.

La méthode exacte dans laquelle notre équipe recueille et analyse les pages de résultats des moteurs de recherche.

De cette façon, vous savez que les résultats que vous prenez de nous est basée sur le classement réel des pages de résultats les plus récentes de Google.

2. Analyse du trafic du site Web

Nous avons également le pouvoir d'estimer le trafic mensuel et le comportement sur place de n'importe quel site Web sur Internet.

3. Algorithme de réseau neuronal

Pour assurer le plus haut niveau de précision, nous utilisons nos réseau neuronal - un algorithme combiné qui fait référence à diverses sources de données et reconnaît les modèles de la même manière que le cerveau humain comprend les modèles.

4. Données publicitaires en ligne

Notre équipe dispose de bases de données étendues pour tout montrer sur les annonceurs et les éditeurs qui utilisent Annonces Google, Google Display Network et Google Shopping.

5. Collecte de données publicitaires

Les annonces Google (annonces PPC dans les résultats de recherche) et **Google Shopping** (également connues sous le nom d'annonces de listes de produits) sont prises en compte lorsque nous recueillons des pages de résultats de moteurs de recherche pour nos bases de données principales de moteurs de recherche.

Les annonces d'affichage du réseau d'affichage de Google sont recueillies à partir de partenariats de confiance et placées dans une base de données où nous nettoyons et vérifions chaque jour de nouvelles informations avec un algorithme propriétaire.

Grâce à cette recherche, les spécialistes du marketing peuvent créer des campagnes publicitaires stratégiques, surpasser leurs concurrents, sensibiliser leur marque et savoir que leur argent est dépensé judicieusement.

6. Données sur les médias sociaux

Nous disposons des outils pour suivre les performances et l'engagement des profils de médias sociaux sur Facebook, Twitter, Instagram, YouTube et Pinterest.

7. Analyse et présentation

Nous recueillons des informations publiques telles que des j'aime, le nombre d'abonnés, les retweets, les hashtags, les vues vidéo, le nombre de commentaires et plus encore à partir des pages que vous choisissez de suivre. Ensuite, nous recueillons et organisons les données pour présenter des tableaux de bord et des rapports sur l'audience, l'engagement et les taux de croissance de chaque profil social.

INTRODUCTION

L'ANALYSE SWOT 2021 : VOTRE GUIDE COMPLET POUR ♥♥DEVELOPPER DES FORCES♥♥ POUR DIMINUER LES FAIBLESSES DE VOTRE ENTREPRISE

Incontournable sur le plan marketing, le SWOT permet de passer de l'analyse stratégique en prises de décision marketing concrètes. **Basée sur l'analyses des forces, faiblesses, opportunités et menace**s (Strengths, Weaknesses, Opportunities, Threats) d'un projet, c'est un outil marketing indispensable pour tout entrepreneur ou responsable commercial qui réfléchit sur le développement stratégique de son entreprise et/ou de son offre commerciale. Pour tous ceux qui souhaitent comprendre comment faire une stratégie de qualité, vous etes au bon endroit. Allez-y !

CHAP 1 : LES STRATEGIES IMPORTANTES POUR REUSSIR L'ANALYSE SWOT

Etes-vous

- Dirigeants d'entreprise ;
- Entrepreneurs ;
- Community managers ;
- Webmarketers ;
- Débutants qui veulent se lancer et créer ses propres entreprises ?

Ce livre est destiné principalement à vous.

Construis ton stratégie digitale à l'heure du numérique

PARTI 1 : LA STRATEGIE MARKETING DEVIENT LE LEVIER DES ENTREPRISE PERFORMANTE

L'analyse SWOT est très importante pour tous entrepreneurs qui veulent se lancer sur le marché. Cela nous permet de développer une stratégie beaucoup plus adapté a notre situation (interne et externe) en tenant compte des concurrents.

Vous pouvez vous appuyer sur l'analyse SWOT. Bien sûr l'essentiel est d'analyser les forces et faiblesses de votre organisation, mais ce sera un plus d'analyser le marché, son évolution, les demandes des clients, la concurrence et comment celle-ci est organisée ou se réorganise, les fournisseurs aussi, comment ils sont organisés, comment la digitalisation de l'entreprise modifie les processus… ce qui permettra d'avoir une analyse plus ouverte et plus complète.

Comment bien réaliser l'analyse SWOT (Strenghs, Weaknesses, Opportunities, Threats)? Bien connue des marketeurs et incontournable

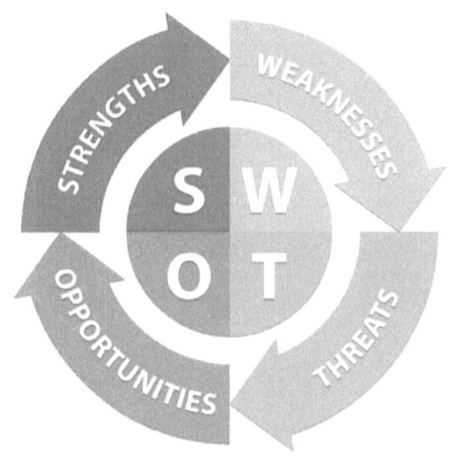

dans tout plan marketing et dans tout dossier d'opportunités, d'innovation ou plan de lancement de produit nouveau, le SWOT est le pivot entre l'analyse et la prise de décision marketing.

1- Distinguer l'Externe de l'Interne

Les faits externes sont ceux qui expliquent le marché et son environnement. On les classe soit en opportunités soit en menaces. les faits internes sont ceux qui appartiennent à la marque, au Domaine d'Activité Stratégique ou au portefeuille de produit. Par exemple, L'image de marque, bien qu'elle soit perçue par le marché est un fait interne.

2- S'appuyer sur des faits, pas sur des intuitions

Eviter les « on estime », « il semblerait que » et préférer des faits, comme « le marché est en croissance », le segment a un potentiel de… ».

3- Préciser et chiffrer les données

Par exemple: « Le segment est en croissance de +8% », « Le taux de notoriété a augmenté de 2 points dans la période ».

4- Prioriser les faits

Il est conseillé de faire apparaître les faits qui ont un impact sur les décisions à prendre et à signaler les tendances émergentes qui peuvent avoir une influence. Parfois il est intéressant de prioriser en numérotant les faits, des plus significatifs aux moins significatifs.

5- Etre syntétique, aller à l'essentiel

Idéalement, une analyse SWOT tient sur une page, un slide ou un écran. L'intérêt est d'en avoir une lecture globale afin d'entrevoir l'ensemble de la situation. L'analyse doit permettre d'avoir une vision claire de l'ensemble de la situation.

6- Mettre l'analyse en perspective des objectifs généraux

L'analyse SWOT est d'autant plus pertinente que les faits sont analysés de façon à servir les objectifs généraux de l'entreprise, du DAS, de la filiale ou de la Business Unit.

7- Faire le lien entre SWOT et les recommandations

L'analyse SWOT devant permettre de confirmer ou infirmer le meilleur chemin pour atteindre les objectifs généraux, il convient de faire le lien avec les recommandations marketing. Souvent, je préconise des axes visant à 1-sécuriser les faiblesses et se prémunir des menaces, 2- consolider ses forces et 3- se développer sur les opportuntés.

8- Définir le champ d'action du SWOT
Préciser le champ de l'analyse, sur quel Domaine d'Activité Stratégique, quel marché, quelle gamme de produit ou marque.

9- Identifier les Menaces, Opportunités, Forces ou Faiblesses
Commencer par l'analyse des faits externes et les répertorier en menaces ou opportunités en vue d'atteindre l'objectif général, puis analyser les faits internes en forces ou en faiblesses, toujours par rapport à l'objectif général. Il arrive parfois qu'un fait soit à la fois une menace et une opportunité ou une force et une faiblesse, il convient de préciser pourquoi dans l'un et l'autre cas.

10- Etayer avec des annexes
Afin que l'analyse puisse donner une vision globale et en permettre la compréhension, des annexes plus explicites telles que des matrices, des synthèses d'études sont les bienvenues.

Analyse S.W.O.T.

STRENGHS / FORCES	WEAKNESSES / FAIBLESSES
✓ Capacité d'innovation	✓ Moindre capacité financière...
✓ Leadership: croissance, part de marché	✓ Faible image de marque, notoriété...
✓ Qualité, taux de satisfaction sur produit	✓ Portefeuille de produits mal équilibré
✓ Compétitivité: commercial, technologie...	✓ Faible compétitivité commerciale...
✓ ...	✓ ...
OPPORTUNITIES / OPPORTUNITES	**THREATS / MENACES**
✓ Marchés ou segments en croissance	✓ Concurrence directe et élargie
✓ Marchés ou segments à potentiel	✓ Nouveaux entrants...
✓ Nouvelle technologie	✓ Législation peu favorable
✓ Réglementation favorable	✓ Marchés en maturité ou en baisse
✓ ...	✓ ...

PARTI 2 : MARKETING DE SOI: LE SWOT PERSONNEL

Le SWOT personnel est un bon départ pour réaliser ses projets professionnels et privés. Aujourd'hui, d'ailleurs, nos projets professionnels tendent à se confondre avec nos projets privés. Qui n'a pas eu envie d'allier sa passion avec son métier, d'utiliser ses qualités intrinsèques dans sa fonction, de modeler son poste selon ses valeurs? Voici, avec un exemple, quelques principes pour réaliser son SWOT personnel.

SWOT personnel de Cédric

Cédric, après un parcours comme commercial et chargé de projet marketing a très envie de créer sa propre entreprise et envisag d'ouvrir sa propre pizzeria. Son concept: cuisiner des pizzas originales et avec de bons produits, s'installer dans une zone de chalandise avec des bureaux et des logements, ainsi il pourra ouvrir midi et soir. Il ne manque pas d'idées marketing pour faire vivre son commerce et il a un sens relationnel assez poussé. Il s'est renseigné sur la faisabilité de création d'une pizzeria et a ainsi pu établir son SWOT personnel.

SWOT personnel: projet d'ouvrir sa propre pizzeria

OPPORTUNITES	MENACES
-Investissements peu élevés, autour de 20000€ en moyenne -Marges importantes car coûts de matières premières peu élevés et nombre d'ingrédients limités -Les consommateurs recherchent la nouveauté et l'originalité -La zone de chalandise est très fréquentée midi et soir	-Le métier de pizzaiolo nécessite une formation -L'univers de la pizza est ultra concurrentiel -Une formation à la gestion d'entreprise de restauration est incontournable et coûte entre 180€ et 250€ -Les consommateurs recherchent des prix bas
FORCES	**FAIBLESSES**
-Issu du marketing, les bonnes idées pour se faire connaître et attirer le chaland ne manquent pas -Bonnes qualités relationnelles -Sait s'entourer -Sait s'organiser	-N'a pas d'expérience dans la restauration, c'est un milieu à découvrir: fournisseurs, clients... -N'a pas d'expérience de gestion d'entité

A l'issue de son SWOT, Cédric envisage:

- Pour sécuriser ses faiblesses et les menaces: une formation à la gestion d'un établissement de restauration pour combler ses lacunes. Il travaille à son pricing de manière très fine afin de dégager une rentabilité satisfaisante tout en réalisant des pizzas originales et de bonne qualité.
- Pour s'appuyer sur ses forces: préparer un plan de communication sur la zone de chalandise et sur les réseaux sociaux pour les trois premiers mois.
- Pour développer son business: communiquer sur ses recettes originales et sur la qualité des produits.

PARTI 3 : LE SWOT EN MARKETING DES SERVICES BTOB EST TOUT A FAIT ADEQUAT.

Il résulte d'une analyse des environnements externe et interne à l'entreprise ou à la gamme de services. Ainsi SWOT permet de croiser en un même tableau des données de sources et d'horizons différents qui auront un impact sur le futur. Le cas de la société Formans* en est un exemple instructif.

La société Formans

Créée récemment, cette société est une PME dont la spécificité est la formation à la pleine conscience au travail. La pratique de la pleine conscience permet de revenir à soi, à ses sensations, émotions… à l'instant présent. Ainsi, elle apporte à chacun plus de détente, d'efficience et de bien-être.

Cette société, qui forme déjà des particuliers et des collaborateurs en entreprise, enrichit peu à peu son offre de formations, avec des programmes comme, par exemple: « L'auto-motivation pour motiver et manager ». Elle souhaite professionnaliser sa démarche. Pour cela, elle a réalisé une analyse de son environnement externe et de ses capacités.

Les données externes

Celles-ci concernent le marché auquel la société s'adresse: le marché de la formation continue en entreprise, ainsi que les facteurs d'influences PESTEL. Il est souvent difficile en marketing des services BtoB, de trouver les informations pertinentes et très précise. Néanmoins, il est nécessaire de faire l'exercice. Par exemple, en réalisant une veille active sur le Web, la presse spécialisée ou non, et auprès d'un réseau relationnel. Ainsi, Formans* a pu recueillir des informations précieuses lui permettant de se positionner sur son marché:

- **La concurrence** des nombreuses formations-informations gratuites sur le Web (tutoriels, blogs, forum, mooc, ...) se développe.
- **La réforme de la formation professionnelle** oriente le financement des formations continues sur le socle de compétences pour les salariés et demandeurs d'emploi, ce qui n'est pas le cas des formations de Formans*.
- **Le web et les réseaux sociaux** permettent d'animer une communauté autour d'un thème d'intérêt.
- **L'Intuitu persona est important sur ce marché**: c'est sur la notoriété du consultant-formateur-coach que se fait l'approche commerciale.
- **Le marché de la formation est très atomisé en France** : environ 35000 organismes de formation recensés, le leader en France, Cegos, détient environ 10% de part de marché, le deuxième 5%, le 3ème environ 3%. (parts de marché estimées par l'auteur du billet, à partir de sa veille)
- **Le marché de la formation** semble arrivé à maturité, voire en phase de déclin.
- **Une offre pléthorique** en développement personnel masque les nouvelles offres encore peu connues.

Les données internes

Généralement, on a des données sur son entreprise et ses propres services. La question est d'être réaliste, de ne pas gommer les difficultés, reconnaître ses atouts avec lucidité. Il a ainsi été identifié:

- **L'absence de notoriété** de la jeune société ainsi que de ses consultants.
- **Un catalogue** de formation en cours de création.

- **Une certification OPQF** récemment acquise.
- **Un bon retour des clients particuliers**: une forte satisfaction et fidélité
- **Une équipe** motivée, engagée, très qualifiée et intègre
- **Il n'y a pas de commercial** dédié.
- **Il n'y a pas de formateur-coach** à temps plein : chacun a une activité professionnelle.
- **Un nouveau site avec un nouveau logo et charte graphique.**

Le SWOT en marketing des services BtoB

La société Formans* a pu réaliser le diagnostic SWOT, à partir des données recueillies:

SWOT en Marketing des services BtoB Société Formans-2017	
OPPORTUNITES	**MENACES**
-Web et réseaux sociaux permettent l'animation d'une communauté autour d'un thème -L'Intuitu persona est important sur ce marché	-Une offre pléthorique en développement personnel -Un marché très atomisé avec environ 35000 organismes de formation recensés -La réforme de la formation réoriente le financement des formations continue sur le socle de compétences -Le marché de la formation semble arrivé à maturité - La concurrence des nombreuses formations-informations se développe.
FORCES	**FAIBLESSES**
-Chaque formateur-coach a une activité en entreprise -L'équipe est motivée et motivante -Nouveau logo, charte graphique, site et communication -Entreprise certifiée OPQF -Satisfaction et fidélité des clients particuliers	-Pas de commercial dédié -Catalogue en cours et non finalisé -Absence de notoriété

Nous pouvons voir qu'on peut réaliser un diagnostic SWOT, même avec peu d'informations quantifiées. Dans ce cas, SWOT permet de comprendre plus précisément les clés de succès ou les freins (Opportunités et Menaces) sur le marché. Et SWOT met en regard les enjeux à relever pour l'entreprise (Forces et Faiblesses).

Sans chiffres clés à disposition, nous pouvons procéder à des estimations en croisant au moins deux sources fiables. En marketing des services BtoB, nous pouvons recueillir beaucoup d'informations par notre réseau: clients, fournisseurs, relations personnelles au sein de notre secteur etc.

L'analyse SWOT aide aux décisions marketing qui orientent la marque et les gammes de produits et services pour les trois années à venir. Il est

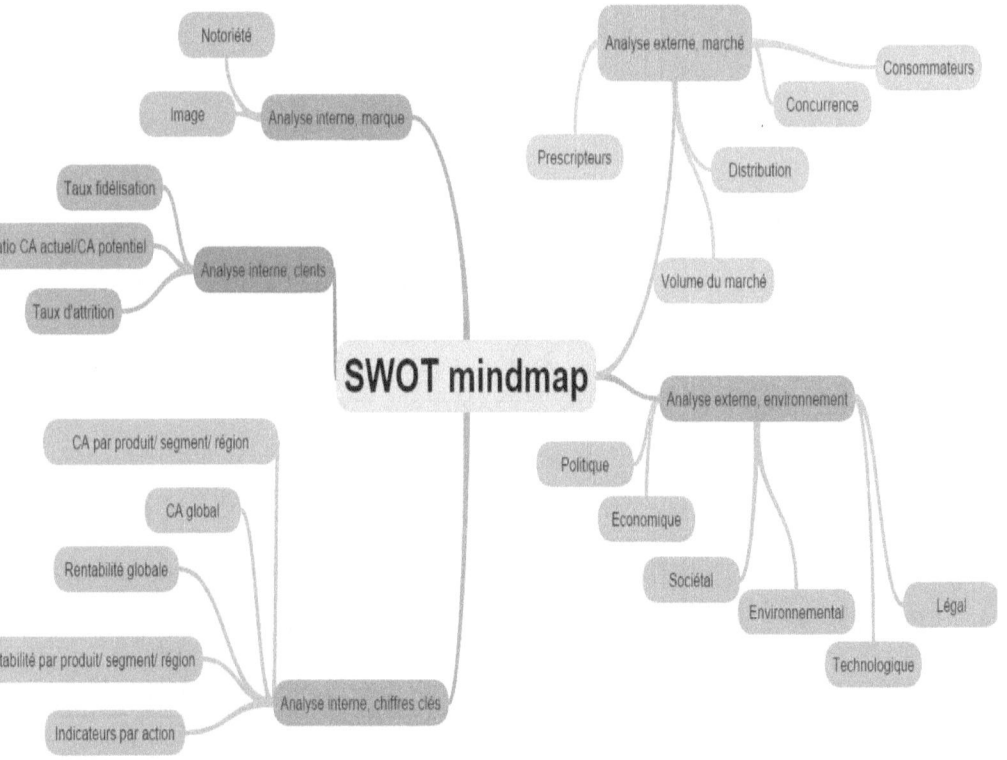

donc important de bien prendre en compte les données qui vont impacter ses décisions. Voici sous forme de Mindmap, les informations à analyser et à synthétiser sous la matrice SWOT.

A retenir pour l'analyse externe:

Les données sur les influences macro-économique avec l'acronyme PESTEL pour : Politique, Economique, Sociétal, Technologique, Environnemental et Légal. Il s'agit d'avoir une vision prospective à Moyen terme, environ trois à cinq ans. Ainsi des données sociétales comme de nouveaux comportements de consommation: plus de partage de connaissances et d'informations, essor du CtoC, économie des Consommateurs vers les consommateurs avec les sites comme Airbnb, Uber etc...

Bien sûr les données qui concerne le marché auquel on s'adresse.

A retenir pour l'analyse interne du SWOT:

Les données sur la marque ou sur la gamme de produits, comme le taux de notoriété ou l'image véhiculée auprès des consommateurs

Les données issues des ventes: il est important d'avoir des informations au global pour l'ensemble de son portefeuille de produits ou service, mais aussi un détail par produit, par segment de clients et par région géographique. ces données sont généralement le volume des ventes, le chiffre d'affaires et la rentabilité.

Des informations sur les clients de la marque sont aussi très utiles: le taux de fidélisation à comparer au taux de fidélisation moyen du secteur d'activité.

SWOT: comparaison des données externes et internes:

Ce qui est important c'est de pouvoir comparer les faits internes aux faits externes. On analyse le cycle de vie du secteur sur lequel on agit et on place le cycle de vie de nos produits. Ainsi le marché des medias sociaux est en phase de croissance, tous medias sociaux confondus, mais Facebook est plutôt en phase de maturité, alors que Pinterest est encore en phase de croissance.

On peut aussi comparer le niveau de marge de nos produits par rapport au niveau de marge moyen du secteur, de même pour le niveau d'investissement publi-promotionnel.

On peut aussi comparer le taux de fidélisation ou d'attrition de nos clients versus les taux moyens du secteur.

C'est ainsi que l'analyse SWOT prend toute sa crédibilité.

Les 3 étapes du marketing stratégique en B2B

Pour rendre accessible le marketing stratégique et en faciliter la mise en oeuvre en entreprise, on distingue 3 étapes:

1. Une étape d'analyse de l'environnement externe et de l'environnement interne qui débouche sur le diagnostic SWOT.
2. Une étape de définition de la stratégie marketing et des objectifs marketing. Etape qui débouche sur un ciblage, dont le coeur de cible et la cible élargie, et un positionnement de la marque ou de la gamme de produit.
3. Enfin une étape de définition des moyens opérationnels à mettre en oeuvre pour développer le business. Ces moyens opérationnels, ou leviers à actionner, sont essentiellement représentés par le mix-marketing.

La liste des aides à la décision

Pour chacune de ces étapes, le responsable marketing détient des aides à la décision, comme les matrices d'analyse ou des principes méthodologiques. Voici les principaux que j'ai recensé dans le tableau ci-dessous:

ETAPE 1 ANALYSE & DIAGNOSTIC	PESTEL Ecoute client Etudes quali et quanti Analyse de la valeur client Analyse du portefeuille produit (BCG…) Gap Analysis SWOT Enjeux pour l'entreprise Facteurs clés de succès du marché
ETAPE 2 OBJECTIFS & STRATEGIE MARKETING	Méthode des 3 axes: Sécuriser, Consolider et développer Alignement des objectifs en cascade Segmentation Qualités des critères de segmentation: spécifiques, mesurables, pertinents, accessibles Ciblage: la méthode IAC Positionnement: mapping
ETAPE 3 CHOIX DES MOYENS OPERATIONNELS	Le mix-marketing Le business plan

1- Considérer le digital comme un espace

Il est proposé de considérer le digital non comme un média ou un canal, mais comme un espace qui regrouperait plusieurs lieux (sites, blogs, réseaux sociaux…) et reliés entre eux par des routes (flux RSS, affiliation, liens…). La marque peut ainsi investir les lieux de cet espace virtuel avec une stratégie e-marketing globale.

2- Quatre questions clés pour sa stratégie digitale

On peut transposer à cet espace virtuel ce que l'on sait faire dans un espace physique, en quatre questions structurantes:

- Qu'est-ce que je veux faire sur Internet? De la notoriété, de l'image, de la prospection, de la vente…?
- Mes clients et prospects y sont-ils? Et dans quels lieux en particulier?
- Quels sont leurs usages sur Internet? Quelles sont leurs motivations? Comment se situe Internet dans leur parcours d'achat et de consommation?
- Quels sont leurs critères de décision?

3- Utiliser le mobile comme un pont entre le virtuel et le réel

Si le digital est un espace, le mobile se visualise comme un pont entre l'espace Internet online et l'espace physique offline. Car le mobile accompagnant les individus partout et en permanence, facilite l'accès à Internet à tout moment et en tous lieux. C'est particulièrement vrai avec les smartphones et peut faire repenser sa stratégie de marketing mobile.

4- Elaborer un projet d'architecture globale

Dans cet espace digital, il est proposé de construire un projet global autour des différents lieux à investir, et notamment:

- Le site Web, qui a une fonction de « siège » de la marque ou de boutique. Il véhicule une image plutôt durable.
- Le site éphémère, correspondant à une campagne de communication, de type événementiel.
- Le site mobile, plutôt pour un accès en racourci vers des produits ou services.
- Le blog, pour refléter des opinions, des points de vues, des expertises.
- Le micro-blogging, consacré au fil d'actualités.

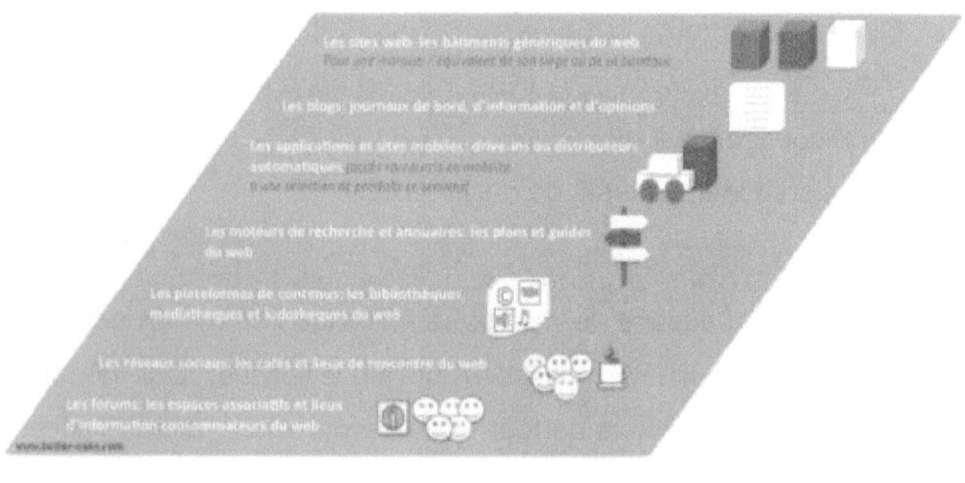

5- Comprendre l'usage du digital

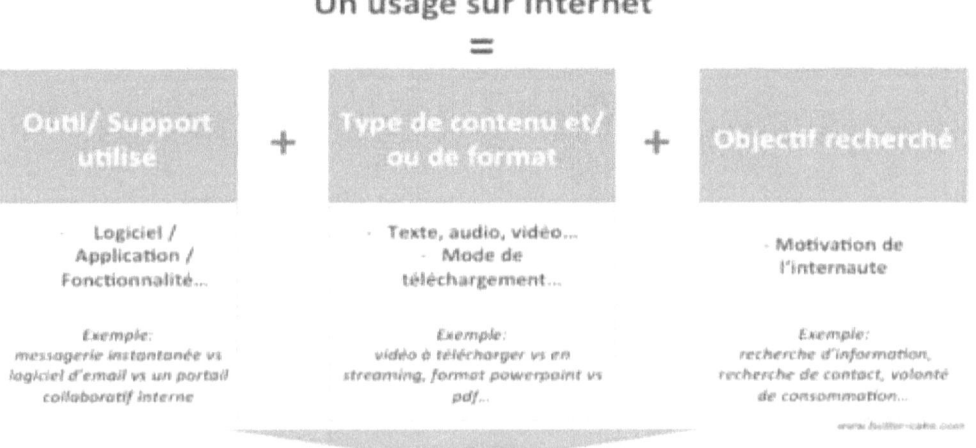

Ne pas confondre multiplication des usages et multiplication x spécialisation des outils et/ou formats pour un objectif identique

Le digital permet de développer un marketing d'influence, notamment via le Social Média, mais pas uniquement. C'est pourquoi, la compréhension des usages d'Internet permet d'avoir une vision globale:

6- Comprendre les motivations d'utilisation d'Internet
Ces motivations sont au nombre de quatre:

- La recherche d'informations: via Google, Wikipedia, les forums, les blogs…
- Le relationnel: sur MSN, Facebook, Linkedin…

- La consommation: de l'achat par e-commerce jusqu'au visionnage gratuit de vidéos sur YouTube ou la lecture de blogs.
- La production ou participation: les bloggeurs, les joueurs ou les consommateurs actifs.

7- Connaître les lieux et chemins fréquentés

L'objectif est de « tracer de belles routes », faciles à trouver et à utiliser,

avec de bons panneaux indicateurs pour faire venir l'internaute vers les lieux investis par la marque.

8- Répondre aux critères de décision des internautes

Avec l'expérience, les internautes apprécient par eux-mêmes la qualité de la source émettrice, notamment par des critères comme la transparence, l'expertise, la crédibilité. Pour bâtir une stratégie d'influence crédible, le contenu délivré est très important, autant dans le fond (précision, expertise…), que dans la forme (design, look & feel, facilité de navigation…).

9- Arbitrer et hiérarchiser les priorités
Des critères quantitatifs (impact d'Internet sur l'activité) ou qualitatifs (affinité avec Internet) permettent d'apprécier l'interêt d'une stratégie digitale, sa mise en place ou son développement. mais un autre point important est à prendre en compte: l'impact d'Internet sur le Business model de l'entreprise. Les questions classiques en stratégie marketing doivent être posées: quels sont les enjeux de l'entreprise, quels sont ses leviers de croissance, en quoi le Web et le mobile peuvent contriber au business de l'entreprise?

10- Une stratégie digitale autour du parcours client
La stratégie digitale doit se penser de façon globale en fonction de la stratégie de marque et non pas en une succession d'actions opérationnelles sur tel ou tel média. Elle doit être « centrée client » et, pour cela s'orienter autour du parcours client, afin de faire correspondre les actions de la marque aux phases par lesquelles passe le consommateur, avant et après l'achat.

Enfin, n'oublions pas les indicateurs à mettre en place ni le budget à mettre en perspective du potentiel de business, d'image et de notoriété.

Le positionnement est un élément fondateur de la stratégie marketing et communication. Il joue un rôle primordial dans la décision d'achat des clients. Il est garant de la COHERENCE du mix-marketing (produit, prix, distribution, promotion).

En marketing, la notion de **positionnement** a été formulée en 1972 par deux imminents conseillers américains en marketing stratégiques, Al Ries et Jack Trout (The new positioning),

Le positionnement correspond à la position qu'occupe un produit /service sur un marché donné et dans l'esprit de ses consommateurs, face à ses concurrents directs.

Deux phases interviennent dans la création du positionnement :

➡ **L'identification à un univers de référence,**

➡ **La différenciation par rapport à la concurrence.**

Le positionnement relève donc de « la stratégie produit » d'une entreprise et se traduit dans sa communication.

Un bon positionnement doit avoir plusieurs qualités. Il doit être :

- **Simple** : pour guider facilement le consommateur,
- **Original** : pour se démarquer de la concurrence (notion d'image de marque),
- **Crédible** : pour être compris (image de l'entreprise vs politique générale),
- **Durable** : il doit perdurer.

Pour être pertinent, un positionnement doit répondre aux questions suivantes :

1. Pourquoi mon offre est-elle unique ? Est-ce grâce à un seul élément ou plusieurs éléments distincts ?
2. Quel est la promesse de mon offre ? Répond-elle à un problème réel de ma clientèle?
3. En toute objectivité, mon entreprise réalise-elle ce qu'elle promet ?

4. L'avantage concurrentiel de mon entreprise est-il différent de celui de la concurrence?
5. Cet avantage concurrentiel persistera-t-il dans le temps ?
6. Le positionnement de mon entreprise peut-il évoluer dans le temps ?

Le losange de Kapferer aide également à trouver le positionnement d'une marque. Il oriente son questionnement de la façon suivante :

Qui ? Quelle est la cible ?

Pourquoi ? Quels sont les bénéfices ?

Quand ? Quels sont les moments d'utilisation ?

Contre qui ? Quelle est la concurrence directe ?

Pour exprimer le positionnement marketing dans un message publicitaire, 3 pistes sont possibles :

La marque exprime la cible pour qui elle se destine : « la marque X pour, les femmes.... ».

La marque parle de son univers de référence : « La marque X est une crème antirides. »

La marque revendique sa différenciation : « la marque X apporte jeunesse et beauté en agissant au cœur de la cellule. »

Maintenant passez expert dans la recherche de vos points de différenciation et affinez votre positionnement, pour –avec un bon dosage de communication- devenir l'entreprise la mieux identifier par ses clients sur son marché !

PARTI 4 : COMMENT METTRE VOTRE PRODUIT EN « POLE POSITION » ?

Au départ, un principe de base

Repartons du principe de base : le positionnement d'un produit ou service vise à prendre la première place dans l'esprit des clients, voire même d'y être seul.

Ma fille illustre bien ce point : elle ne connait pas le mot « tablette ». Sur ses lèvres, il y a un autre terme : « iPad ». Ça, c'est l'effet créé par un bon positionnement : les clients ou prospects pensent et parlent de votre produit avant tout autre, de façon exclusive. Ils se sentent concernés en premier lieu par votre produit ou gamme ou marque, comme s'ils vous connaissaient depuis longtemps.

Le positionnement requiert donc d'être proche du prospect ou client.

Si vous voulez que les clients vous connaissent, il vous faut les comprendre « par cœur ». Réciproquement, si vous voulez que les clients vous comprennent, il vous faut les connaitre « par cœur ».

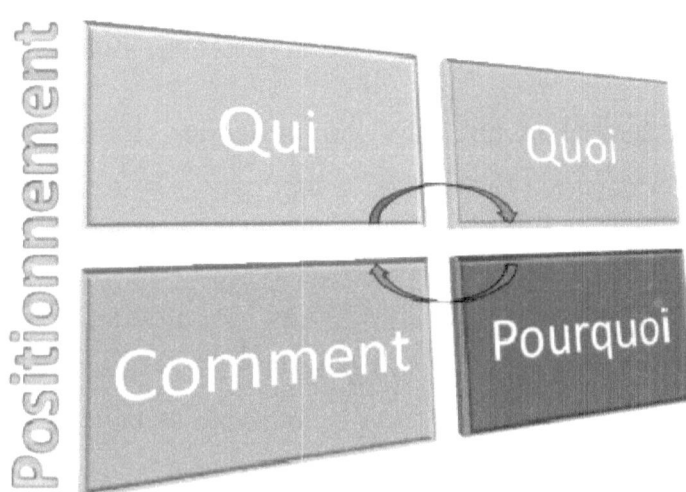

1er pilier sur 4 de la démarche : le QUI
Voici les paramètres à maîtriser :

- Vous visez les clients ou prospects d'un segment, dont vous avez identifié les besoins, attentes et souhaits qui motivent leurs décisions d'achat pour votre catégorie de produits ou services. Vous savez ce qui leur tient à cœur.
- Vous disposez des informations pour profiler ces clients ou prospects, sous forme de carte d'identité et de portrait détaillé. Vous connaissez leur mode de fonctionnement.

Pas de positionnement possible si vous ne maîtrisez pas le Qui.

2ème pilier : le QUOI
C'est l'objet du positionnement: votre produit(s) ou service(s), gamme et leur marque.

C'est à la fois facile et délicat car cela suppose que :

- Vous êtes capable d'exprimer de Quoi il s'agit en termes simples pour la cible.

➡ Vous savez à quel cadre de référence votre produit(s) ou service(s), gamme sont associés par celles et ceux que vous visez.

Attention : on a tendance à complexifier ou jargonner ou appeler « solution » ce que nous faisons ; ou encore à supposer que les clients « catégorisent » les produits comme le fait un fabricant ou fournisseur.

Reprenons l'exemple de l'iPad à ce sujet : ma fille a bien compris qu'il ne s'agit pas d'un ordinateur. Elle ne le classe pas dans la catégorie des outils bureautique utilitaires, dotés de logiciels à usage professionnel.

Pas de positionnement clair si vous ne maîtrisez pas le Quoi.

3ème pilier : le POURQUOI

C'est ce qui, dans l'esprit du client, déclenche deux réflexes :

1. Pourquoi accorder de l'importance à votre produit ou service.
2. Pourquoi vous choisir plutôt qu'une autre marque ou alternative.

Les conditions de réussite sont :

- Vous avez listé les bénéfices perceptibles, tangibles et intangibles, procurés par votre produit ou service, et leur marque.
- Votre cible identifie sans hésitation les bénéfices qui sont prioritaires pour elle.
- La cible a bien à l'esprit pourquoi vos bénéfices produit sont mieux ou différents par rapport à une autre marque ou alternative, et peut en parler.

Pas de positionnement attractif si vous ne maîtrisez pas le Pourquoi

4ème pilier : le COMMENT

C'est le moment pour votre cible de vous croire : Comment est-il possible que votre produit puisse réellement leur procurer les bénéfices promis ?

Les points clé du Comment sont :

- Les caractéristiques supérieures, ou uniques, de votre produit ou service sont mises en évidence, en relation avec les bénéfices prioritaires de la cible.
- Vous pouvez apporter des éléments de preuves concrets de leur compétitivité.

Pas de positionnement crédible si vous ne maîtrisez pas le Comment.

CHAP 2 : LES ETAPES IMPORTANTES POUR LA REUSSITE DE LA MATRICE SWOT

PARTI 1 : LES PLANS

1- DÉFINIR LE CHAMP D'ACTION DE LA MATRICE SWOT

Une matrice SWOT peut avoir un domaine plus ou moins large. Il est nécessaire de préciser le champ de l'analyse. Sur quel domaine d'activité est faite l'analyse ? Quel est le marché visé, le positionnement ? Quelle est la gamme de produit ou marque ?

2 – SE BASER SUR DES FAITS ET NON DES RESSENTIS OU DES IMPRESSIONS

Une stratégie se base sur des éléments factuels et si possibles chiffrés. C'est pour cette raison qu'elle est souvent précédée d'une collecte d'informations sur le marché cible. Celle-ci peut se faire au fil du temps, au travers des retours terrain (avis clients, remontées commerciales, …) ou en faisant faire une étude de marché spécifique.

Il faudra donc dans le cadre de votre réflexion éviter de vous appuyer sur des « je pense que », « on estime que… » « il est évident que … », les éléments factuels comme « le marché est constitué de x clients potentiels », les concurrents sont présents sur les segments Y et Z et absents de … », « depuis 5 ans, la croissance annuelle des différents segments est de … », « le marché cible se compose de x éléments … » seront beaucoup plus pertinents.

Se baser sur des impressions revient à fonder sa réflexion sur un terrain instable alors que les faits permettent de construire une analyse stratégique solide et durable.

3 – CHIFFRER LES DONNÉES ET S'ASSURER DE LEUR ORIGINE ET DE LEUR EXACTITUDE

La matrice SWOT vous permet de travailler sur la stratégie de développement de votre projet. C'est une démarche essentielle qui peut avoir, selon la qualité du travail accompli, des conséquences importantes sur le développement et la rentabilité de votre entreprise ou projet.

Assurer-vous de la qualité des données qui vous serviront à élaborer votre stratégie. Quelle est leur origine, de quand datent-elles, ont-elles été mises à jour…. Par ailleurs une donnée de qualité est ne donnée qui apporte un éminent mesuré. « Il y a une belle croissance du secteur » ne signifie pas grand-chose, « le secteur croit de 5% par ans depuis 3 ans » est beaucoup plus précis et permet de faire des projections chiffrées.

4 – DISTINGUER L'INTERNE DE L'EXTERNE

L'entreprise est un écosystème qui a de nombreux échanges avec son environnement économique proche. Il est important de distinguer les faits internes sur lesquels il est généralement possible d'agir, des faits externes qui explique l'évolution du marché et de son environnement.

Comme l'entreprise à peut de pouvoir d'action sur les faits externes, ceux-ci seront classés soit en opportunité, soit en menace. Par contre, les éléments factuels internes qui peuvent être piloter à plus ou moins court terme seront classés soit en force soit en faiblesse. Cela concerne par exemple l'image de marque, la notoriété, le portefeuille de produit, les différents savoirs faire, les avantages concurrentiels, les parts de marché, les éléments de différenciation.

5 – HIÉRARCHISER ET PRIORISER LES ÉLÉMENTS

Tous les éléments n'auront pas le même impact. Certains faits auront un impact immédiat et forts, d'autres influenceront les choses. Il faudra donc classer et hiérarchiser les éléments en fonction de l'importance de leur impact et de la rapidité avec laquelle ils influenceront le marché et/ou la stratégie. Il ne faut pas confondre ces deux modes d'influence, ce n'est pas parce qu'un élément met du temps à modifier le marché que l'impact de cette modification sera faible.

Par exemple, la création d'un impôt spécifique met du temps à arriver, il peut toutefois avoir un impact important sur l'économie d'un secteur complet.

Il faudra donc hiérarchiser et prioriser les éléments en fonction de l'impact qu'ils auront sur la stratégie et du délai qu'ils mettront à se concrétiser.

6- L'IDENTIFICATION DES MENACES, OPPORTUNITÉS, FORCES ET FAIBLESSES

L'idéal est de lister l'ensemble des idées que nous avons sur chacun des aspects Menaces, Opportunités, Forces et Faiblesses.

Dans un premier temps et pour chaque thème, l'objectif est de recenser toutes les propositions possibles, même si elles semblent un peu extravagantes. Dans un deuxième temps il faudra les regrouper par sous thème et les trie en ne conservant que les pertinentes. Il est souvent plus facile de commencer par les faits externes, notamment les menaces que nous percevons généralement plus fortement. Une fois les menaces identifiées, interrogez-vous sur les opportunités pouvant aider à atteindre l'objectif général.

Pour l'analyse des faits externes, n'hésitez pas à élargir votre réflexion en pensant à l'ensemble des facteurs pouvant influencer le cham d'action définit (évolution de la réglementation, innovations, entrée de nouveaux acteurs, arrivée de nouveaux modèles économiques ou business model, ...)

Dans un second temps il faudra faire le diagnostic interne qui identifie les forces et les faiblesses, toujours par rapport à l'objectif général (avantages concurrentiels, positionnement, plan d'action, segmentation, marketing mix, nouveau produit, taux de fidélisation...).

Remarque :

Il arrive fréquemment qu'un fait ou un élément soit à la fois une menace et une opportunité ou une force et une faiblesse, il faudra alors le placer dans chacune des cases et préciser pourquoi dans les deux cas.

7- ETRE SYNTHÉTIQUE, ALLER À L'ESSENTIEL

Il faut distinguer la réalisation de l'analyse SWOT et sa présentation dans le cadre, par exemple d'un business plan ou d'un plan d'affaire. Si l'analyse nécessite du temps et de nombreux documents, sa présentation doit être synthétique et se faire sur une page. L'intérêt est de pouvoir avoir une vision des principaux éléments en un coup d'œil.

La présentation doit apporter une vision à la fois claire et globale des grands axes de développement marketing et commerciaux.

8- METTRE L'ANALYSE EN ADÉQUATION AVEC LE PROJET D'ENTREPRISE

Une stratégie marketing doit être au service du projet d'entreprise. Elle identifie, trie, coordonne, planifie et affecte les démarches à réaliser pour atteindre les objectifs généraux de l'entreprise. Elle doit aboutir à des prises de décision et un plan d'action marketing stratégique proposant des actions opérationnelles.

La pertinence d'une matrice SWOT réside autant dans sa qualité que dans son adéquation avec le projet d'entreprise. Elle doit être construite pour servir les objectifs généraux de l'entreprise, ou du projet de création.

9- ORDONNER LES PRÉCONISATIONS DE LA MATRICE SWOT

La conclusion d'une matrice SWOT préconise un certain nombre de mesures ou recommandations qui forme la stratégie visant à atteindre les objectifs généraux. La plupart de ces préconisations sont en lien avec des recommandations marketing.

Dans la plupart des cas, il est préférable d'ordonner les mesures de la manière suivante :

- Commencer par les mesures permettant de sécuriser les faiblesses et se prémunir des menaces.

- ➡ Puis, travailler sur la consolidation de ses forces.
- ➡ Enfin, lancer le développement de la société en visant les opportunités.

10- PENSEZ AUX ANNEXES

Il est souvent très utile d'ajouter à un document synthétique comme une matrice SWOT des annexes qui facilitent la compréhension du document.

Les annexes plus explicites détaillant la nature et la provenance d'éléments importants sont souvent bien utiles.

	Analyse SWOT menuiserie Monbois	
	Strenghs - Forces	**Weaknesses - Faiblesses**
Faits internes	Savoir faire spécifique Taux de satisfaction des clients Qualité du produit Bonne image de marque en B to C Très bon niveau d'achat Trésorerie saine	Moyenne d'âge de 47 ans Peut de capacité d'innovation Taux de renouvellement des équipes faible Parc machines vieillissant Portefeuille produit vieillissant
	Opportunities - Opportunités	**Theats - Menaces**
Faits externes	Forte croissance segment ossature bois Baisse tarifs machines automatique laser Développement maison bois en kit Evolution favorable de la réglementation	Arrivée de nouveaux entrants Législation contraignante (sécurité, social, ...) Concurrence internationale forte (Europe de l'Est) Marchés historique de la rénovation en baisse

La matrice SWOT est l'un des outils de planification stratégique les plus connus. Il est très rare de trouver un professionnel qui n'ait jamais entendu parler du modèle SWOT et de sa célèbre analyse consistant à effectuer à la fois un diagnostic interne et un diagnostic externe de l'environnement.

Mais est-ce que tout le monde sait vraiment comment faire une analyse SWOT ? Dans cet article, nous vous expliquerons clairement ce qu'est l'analyse SWOT et comment faire pour l'utiliser de manière pratique et objective dans votre entreprise.

PARTI 2 : COMMENT FAIRE UNE ANALYSE SWOT?

« L'évaluation globale des forces, des faiblesses, des opportunités et des menaces est appelée analyse SWOT »

Tout simplement l'analyse des Forces, des Opportunités, des Faiblesses et des Menaces. Certains utilisent donc également l'acronyme français, parlant ainsi d'analyse FOFM ou encore de matrice FOFM.

Pour obtenir le résultat de cette analyse à l'aide de l'outil SWOT, il est nécessaire de diviser en deux l'environnement de l'entreprise :

- **Environnement externe**
- **Environnement interne**

Nous allons vous détailler comment étudier chacun de ces deux environnements et mettre en place ainsi correctement l'analyse SWOT.

Une seule certitude : en plus de vous faire découvrir l'utilité de cette matrice, cet article va vous permettre d'apprendre comment faire une analyse SWOT, et cela sans erreur !

Comprendre la méthode SWOT

L'analyse SWOT est donc également connue en France sous le nom de méthode FOFM, acronyme des termes français Forces, Faiblesses, Opportunités et Menaces.

L'analyse SWOT, également appelée matrice SWOT, a été développée dans les années 1960 par Albert Humphrey. Albert Humphrey dirigeait à l'Université de Stanford un projet de recherche dans lequel il analysait et croisait méthodiquement les données des 500 plus grandes entreprises rapportées par le magazine de l'époque Fortune.

Pour ce faire, il a utilisé une méthode qui est rapidement devenue un exercice pratiqué par toutes les grandes entreprises mondiales dans la mise en place de leurs stratégies commerciales.

L'analyse SWOT est en effet un système basique d'analyse. Son objectif est de positionner ou de confirmer la position stratégique d'une entreprise donnée dans son secteur d'activité. Grâce à la simplicité de sa méthodologie, l'analyse SWOT peut être utilisée pour tout type d'analyse de scénarios ou même d'environnements, allant de la simple création d'un site web à la gestion d'une multinationale.

Comprendre le concept d'analyse SWOT et ses objectifs

L'analyse SWOT permet d'identifier et d'analyser dans les environnements internes et exernes les forces et les faiblesses de l'entreprise, mais également les opportunités et les menaces auxquelles cette entreprise est exposée.

L'analyse SWOT détecte également les facteurs qui influencent le fonctionnement d'une entreprise, fournissant ainsi des informations utiles dans la mise en place d'un processus de planification stratégique.

L'analyse SWOT d'une entreprise peut se diviser en deux parties :

- Tout d'abord, une analyse de l'environnement interne, lors de laquelle les forces et les faiblesses de l'entreprise seront identifiées ;
- Puis, une analyse de l'environnement externe, ayant pour but d'identifier les menaces et les opportunités.

Les objectifs de l'analyse SWOT

- Faire un résumé des analyses externes et internes.
- Identifier les éléments clés pour la gestion de l'entreprise, ce qui implique d'avoir établi des priorités d'action.
- Préparer les options stratégiques : risques et problèmes à résoudre.
- Par cette analyse, nous obtiendrons le **diagnostic de l'entreprise**, c'est-à-dire le renforcement des points positifs, les points à améliorer, les chances de croissance, l'augmentation des opportunités, etc.
- Réaliser les prévisions de vente en fonction des conditions du marché et des capacités de l'entreprise en général.
- Concernant **l'environnement interne** (Forces et Faiblesses), intégrer et normaliser les processus, éliminer les doublons présents dans les processus et permettre à l'entreprise de se recentrer sur son activité principale.
- Concernant **l'environnement externe** (Opportunités et Menaces), fiabiliser et optimiser l'accès et le traitement des données qui sont les informations immédiates permettant l'accompagnement de la gestion, la prise de décision stratégique et la réduction des erreurs.

Environnements externes et internes dans l'analyse SWOT

Il n'existe aucun moyen de procéder à l'analyse SWOT d'une entreprise sans analyser en profondeur ces 4 variables : ses faiblesses, ses forces, ses menaces et ses opportunités.

Voyons comment faire l'analyse SWOT de chacune de ces variables.

Qu'est-ce que l'analyse SWOT de l'environnement interne ?

L'environnement interne de la société est formé, entre autres, par l'ensemble des ressources humaines, financières et matérielles, c'est-à-dire des ressources sur lesquelles il est possible d'exercer un réel contrôle.

Dans cet environnement, il est possible d'identifier des points forts qui correspondent aux ressources et aux capacités de l'entreprise. Mis ensemble ces points forts constituent un avantage concurrentiel pour l'entreprise par rapport aux autres acteurs du marché. Au contraire, les faiblesses se définissent comme des ressources ou des capacités manquantes à l'entreprise bien que présentes chez ses concurrents actuels ou potentiels.

Par conséquent, les forces et les faiblesses se situent dans les limites de votre entreprise. En interne, il est possible de gérer et administrer stratégiquement ces limites en contrôlant chacune de leur caractéristique.

Mais comment maîtriser tout ce qui se passe dans l'entreprise ?

Prenez tout d'abord les quatre domaines de la gestion à savoir le marketing, la finance, la production et l'administration. Puis, classer selon leur performance et leur importance les caractéristiques de ces quatre domaines en vous aidant des listes de contrôle ci-dessous :

Département de marketing :

- Distribution
- Équipe de vente
- Part de marché et couverture géographique
- Prix
- Qualité des produits et des services
- Réputation de l'entreprise
- Satisfaction et fidélisation de la clientèle

Exemples de forces dans le domaine du marketing : une équipe de vente expérimentée, des canaux de distribution bien développés, une marque connue.

Exemples de faiblesses dans le domaine du marketing : des produits peu renommés, un service client lent et inefficace, des prix peu compétitifs.

Département financier :

- Trésorerie
- Capital
- Solidité financière

Exemples de forces : une société capitalisée, l'utilisation d'un bon logiciel de gestion financière pour d'entreprise.

Exemples de faiblesses : une entreprise sans accès au crédit, des conseils comptables peu avisés et inefficaces.

Département de production :

- Capacité de production
- Connaissances techniques
- Économie d'échelle
- Installations / machines
- Formation de la main d'oeuvre

Exemples de forces : des processus automatisés, des machines modernes, un excellent personnel de maintenance.

Exemples de faiblesse : une main-d'œuvre qui n'est pas formée aux techniques nécessaires, des équipements polluants et consommateurs d'énergie, un manque de planification économique des lots de production.

Département administratif :

- Adaptabilité
- Culture d'entreprise
- Leadership
- Motivation des collaborateurs

Exemples de forces : une planification stratégique correctement conçue, l'utilisation de logiciels de gestion d'entreprise.

Exemples de faiblesses : un suivi réalisé via des feuilles de calcul, sur un format papier ou dans des courriers électroniques, des gestionnaires ayant peu d'expérience.

Comment faire l'analyse SWOT de l'environnement externe ?

L'environnement externe est composé de facteurs qui existent en dehors des limites de l'entreprise, mais qui, cependant, ont un impact sur l'entreprise.

Il s'agit d'un environnement sur lequel l'entreprise n'a pas de contrôle. Celui-ci doit cependant être surveillé en permanence, car c'est la base de la planification stratégique.

L'analyse de l'environnement externe est généralement divisée en facteurs macro-environnementaux (politiques, démographiques, technologiques, économiques, etc.) et micro-environnementaux (fournisseurs, partenaires, consommateurs, etc.) qui doivent être surveillés de manière permanente en amont et en aval de la définition des stratégies de l'entreprise.

Grâce à ce suivi constant, il sera possible d'identifier rapidement les opportunités s'offrant à l'entreprise et les menaces auxquelles elle pourrait faire face.

Enfin, si nous considérons que les facteurs externes influencent de manière homogène toutes les entreprises opérant sur le même marché, nous pouvons affirmer que seules celles qui seront le mieux à même d'identifier les changements et qui ont développé la flexibilité nécessaire pour s'adapter, seront en mesure de tirer parti des opportunités offertes et ne seront impactées qu'a minima par les dommages et les menaces du marché.

Rappelez-vous, tout ce qui est en dehors du contrôle de l'entreprise peut être considéré comme un environnement externe.

L'environnement externe nous permet donc généralement d'identifier les opportunités et les menaces auxquelles l'entreprise doit se préparer.

Ainsi, il est important de considérer comme une opportunité toutes les conditions environnementales desquelles l'entreprise tire un bénéfice pouvant être mis à profit contre ces concurrents. Ce bénéfice peut prendre une forme lucrative ou peut-être simplement, par exemple, un facteur permettant de satisfaire les besoins et les désirs de ces consommateurs.

Les menaces, quant à elles, peuvent être définies comme de potentielles incidences négatives sur, par exemple, la facturation et les bénéfices imposés suite à un changement de tendance ou à une situation difficile.

Ainsi, pour faciliter l'analyse SWOT, nous pouvons diviser l'environnement externe en deux ensembles de facteurs :

Les forces macro-environnementales qui comprennent, entre autres :

- Démographiques
- Économiques
- Technologiques
- Réglementaires
- Politiques
- Culturelles

Exemples d'opportunités macro-environnementales : l'accès à une nouvelle technologie que les concurrents ne maîtrisent pas encore, la diminution des taux d'intérêt, un taux de change favorable pour l'importation d'une matière première en particulier.

Exemples de menaces macro-environnementales : la modification des habitudes de consommation de la population aboutissant à un désintérêt des produits proposés, des problèmes climatiques entraînant une augmentation de prix d'une matière première importante pour les entreprises, une augmentation des taxes.

Les agents micro-environnementaux :

- Les concurrents
- Les clients
- Les distributeurs
- Les fournisseurs, entre autres

Exemples d'opportunités micro-environnementales : la fermeture d'une entreprise concurrente, l'ouverture d'une université dans la ville où l'entreprise est située.

Exemples de menaces macro-environnementales : le rachat de deux distributeurs par un plus acteur du marché hautement concurrentiel, la diminution de la concurrence, l'ouverture d'un centre commercial dans la ville voisine.

Voici un modèle de matrice SWOT reprenant le cadre traditionnellement connu :

J'ai mon tableau SWOT. Et maintenant?

Ça y'est, votre analyse SWOT est terminée et votre matrice est prête.

Alors, comment la mettre en pratique ?

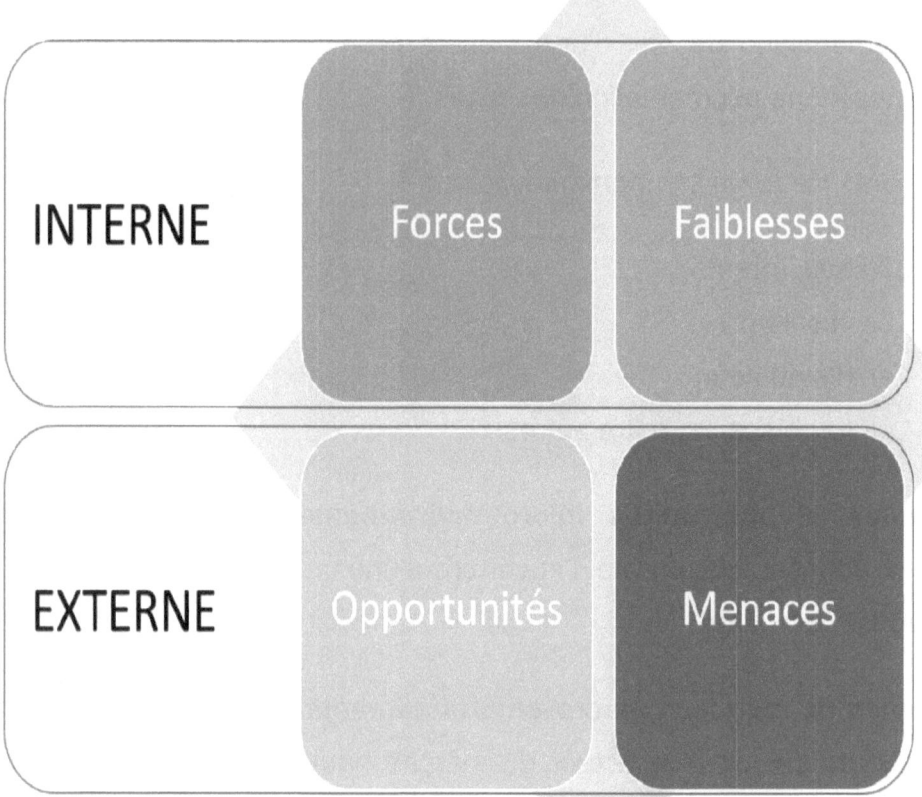

Il est nécessaire que la direction prenne en compte tout ce qui a été déterminé par l'analyse SWOT pour mettre en place sa planification stratégique.

Il faut donc choisir les opportunités les plus pertinentes et déterminer comment il serait possible d'en tirer parti. De même, en amont, identifiez les menaces les plus graves et prenez les mesures nécessaires pour y faire face.

En ce qui concerne les forces et les faiblesses, il est important de souligner qu'il sera très difficile de remédier à toutes les faiblesses identifiées ou encore d'être pleinement certains que les forces détectées seront à elles seules garantes du succès de l'entreprise. .

La clé pour réaliser correctement une analyse SWOT est de savoir exploiter ses avantages pour créer des opportunités et prévenir les menaces.

De même, pour effectuer une analyse SWOT de qualité, il sera nécessaire de renforcer les faiblesses détectées afin de diminuer les chances de réalisation des risques pesant sur les environnements ou de maintenir les potentielles opportunités.

Si vous préférez, vous pouvez également utiliser ce modèle d'analyse SWOT que nous avons créé spécialement pour vous. Pour cela, il vous suffit de remplir les champs laissés en blanc en suivant les instructions.

L'analyse SWOT en 3 étapes

Pour chaque élément de la liste, décrivez de manière succincte dans la ligne correspondante les forces et les faiblesses. Si aucune force ou faiblesse n'est à décrire, laissez le champs en blanc.

1 ENVIRONNEMENT INTERNE

	FORCE	FAIBLESSE
Distribution		
Relation avec la clientèle		
Equipe de vente		
Part de marché		
Prix		
Qualité des produits et services		
Actions marketing		
Impact de la marque		
Satisfaction des clients		
Trésorerie		
Disponibilité du capital		
Crédits souscrits		
Solidité		
Capacité de production		
Connaissance technique		
Automatisation		
Economie d'échelle		
Installations		
Machines		
Recherches & Développements		
Formation de la main d'oeuvre		
Culture d'entreprise		
Leadership		
Liderança		
Motivation et engagement des collaborateurs		
Autres:		
1		
2		
3		
4		

2 ENVIRONNEMENT EXTERNE

LISTER LES OPPORTUNITÉS ET LES MENACES, IL PEUT Y EN AVOIR PLUSIEURS POUR CHAQUE ÉLÉMENT.

	OPPORTUNITÉS	MENACES
Démographie		
Economie		
Technologie		
Régulation		
Politique		
Culture		
Environnement local		

3 PLANS D'ACTION

Associez vos forces et vos faiblesses aux opportunités et menaces pour définir des plans d'action.
Besoin d'inspiration ? Voici quelques exemples :

Utiliser notre expérience dans l'importation (force) pour exploiter l'opportunité de taux de change favorable.

Former notre équipe de vente dont les méthodes sont dépassées (faiblesse) pour exploiter l'opportunité de diminution des taux d'intérêts.

Exploiter la ligne de crédit offerte par le gouvernement pour l'achat de machine (opportunité) pour moderniser le parc industriel de machines actuellement caduques

CHAP 3 : LA STRATEGIE, VUE COMME UN ENSEMBLE DE DECISIONS ENGAGEANT LE DEVENIR DE L'ORGANISATION, DOIT ETRE CONSIDEREE EGALEMENT DANS SA DIMENSION HISTORIQUE.

PARTI 1 : LA DEMARCHE STRATEGIQUE MET EN EVIDENCE LES FORCES ET FAIBLESSES DE L'ORGANISATION AINSI QUE LES OPPORTUNITES ET MENACES DE SON ENVIRONNEMENT.

À partir de ces éléments, l'organisation définit un plan d'actions coordonnées afin d'atteindre les objectifs fixés. Si la stratégie a longtemps été planifiée dans un contexte plutôt stable et prévisible, elle est aujourd'hui de plus en plus sujette à des ajustements liés à un environnement fluctuant et incertain.

1. La définition de la stratégie

« La stratégie, est l'acte de déterminer les finalités et les objectifs fondamen-taux à long terme de l'entreprise, de mettre en place les actions et d'allouer les ressources nécessaires pour atteindre lesdites finalités ».

La stratégie consiste donc, pour le dirigeant d'une organisation, à se fixer des objectifs à long terme et à se donner les moyens de les atteindre compte tenu de ses ressources matérielles, humaines et financières.

Par la stratégie, une entreprise peut chercher à gagner des parts de marché au détriment des concurrents en exploitant un avantage concurrentiel qui lui permet de se démarquer de ses concurrents. Il s'agit d'une ressource, d'une compétence, d'un positionnement ou de tout autre élément permettant à l'organisation d'être perçue par ses clients comme meilleure que les autres entreprises du marché.

Par exemple, l'avantage concurrentiel de l'entreprise Darty est la qualité de son service après-vente et les garanties qu'elle offre à ses clients (le fameux « contrat de confiance »). Ces éléments permettent à Darty de se distinguer de ses concurrents.

2. La démarche stratégique

La démarche stratégique consiste concrètement à mettre en œuvre la stratégie des dirigeants par l'intermédiaires de trois phases qui correspondent aux trois questions fondamentales que se pose tout décideur.

La phase de diagnostic stratégique

La phase de diagnostic stratégique permet de répondre aux questions « Qui sommes-nous ? » et « Où peut-on aller ? ». L'objectif est de mettre en évidence le métier de l'entreprise, c'est-à-dire une combinaison de savoir-faire et de compétences distinctives, ou la mission de l'organisation publique ou associative, c'est-à-dire sa vocation à satisfaire un intérêt qui peut être général, collectif ou particulier. *Par exemple, la mission de la RATP ou de la SNCF consiste à fournir des solutions de mobilité (train, métro…).*

La mission de Pôle emploi consiste à prendre en charge les demandeurs d'emploi pour facili-ter leur recherche de travail.

La mission est, bien sûr, liée à la finalité de l'organisation. Pôle emploi assure une mission de service public qui relève d'enjeux économiques et sociaux nationaux (lutte contre le chômage et la précarité...). La mission détermine également le métier de l'organisation et répond à la question « Que faisons-nous concrètement ? ».

Le métier de l'entreprise Renault est de concevoir et de produire des véhicules (voitures, utilitaires...).

L'organisation peut n'exercer qu'un seul métier. C'est le cas de la majorité des entreprises artisanales. Parfois, elles exercent plusieurs métiers ou un même métier déclinable sur plusieurs domaines d'activité cohérents, que l'on appelle les « domaines d'activité stratégiques » (DAS).

Par exemple, les domaines d'activité stratégiques de La Poste peuvent aujourd'hui dissocier son activité bancaire (La Banque Postale) de ses activités courrier (lettres et colis) et téléphonie (forfaits et téléphones). La définition des domaines d'activité stratégiques peut également reposer sur un découpage géographique (Asie, Europe, Amérique du Nord...), comme c'est le cas pour les constructeurs d'automobiles. Le processus stratégique de l'organisation sera alors mené au niveau global ou sera défini pour chaque domaine d'activité stratégique, lorsque cela apparaîtra plus pertinent.

La phase de diagnostic stratégique doit permettre la mise en évidence des compétences distinctives de l'organisation. Il s'agit de la façon dont l'organisation parvient à combiner ses différentes ressources (humaines, matérielles, financières...) pour proposer à ses clients une prestation ou des produits qui seront perçus comme meilleurs que ceux de ses concurrents.

La compétence distinctive de l'entreprise Amazon réside dans sa capacité à livrer rapidement, et de fa-çon très fiable, ses clients grâce à une logistique efficace (organisation, compétences du personnel, performance du système d'information...).

Cependant, les compétences distinctives et l'avantage concurrentiel ne sont absolument pas définitifs. Ils sont sans cesse remis en cause, et les organisations doivent veiller en permanence à conserver une longueur d'avance sur leurs concurrents.

Par exemple, Nokia a longtemps dominé le marché des téléphones portables grâce à des produits parti-culièrement fiables. Mais l'entreprise n'a pas su conserver sa position de leader parce que la source d'avantage concurrentiel a évolué dans ce secteur (évolution des usages avec l'Internet mobile et les applications...).

La phase de fixation des objectifs stratégiques

La phase de fixation des objectifs stratégiques permet de répondre à la question « Où veut-on aller ? »

Les objectifs stratégiques sont la traduction en termes concrets de l'état que l'organisation souhaite atteindre à plus ou moins long terme.

Les objectifs stratégiques sont définis par les dirigeants de l'organisation (le management stratégique) et sont généralement quantifiés.

Dans les entreprises

Pour une entreprise, les **objectifs stratégiques sont définis par l'équipe dirigeante** en cohérence avec leur **finalité** (réaliser des profits et assurer leur pérennité) et avec son **métier** de manière quantitative. *Par exemple, les objectifs stratégiques des constructeurs d'automobiles sont généralement définis en quantité de véhicules vendus et en termes de parts de marché.*

Dans les organisations publiques

Pour une organisation publique, les **objectifs stratégiques sont définis par les pouvoirs publics** dans le cadre de **politiques publiques** et concernent des **missions d'intérêt général**. À ce titre, le processus stratégique est beaucoup plus contraint pour les organisations publiques que pour les entreprises. Les objectifs stratégiques ne sont qu'une déclinaison de leur mission de service public.

Pour un commissariat de police, les objectifs définis seront essentiellement liés à sa mission de sécurité et de prévention (proportion d'affaires résolues, baisse de la criminalité…).

Dans les organisations de la société civile

Pour une association, un syndicat, une fondation ou une ONG, les objectifs stratégiques sont définis collectivement au regard des missions assignées et en conformité avec les statuts.

Par exemple, les Restos du Cœur formule des objectifs stratégiques en rapport avec son activité d'aide aux plus démunis, qui seront exprimés en nombre de repas distribués ou de places ouvertes dans les foyers d'accueil.

3. La phase du choix stratégique

La phase du choix stratégique proprement dit permet de répondre à la question « Comment allons-nous y parvenir ? ».

Pour les grandes organisations et les organisations publiques, la stratégie est souvent définie à travers des plans stratégiques pluriannuels (pas plus de cinq ans en général).

Ces plans permettent d'avoir plus de visibilité sur la stratégie de l'organisation, d'impliquer et d'informer les parties prenantes (adhérents, actionnaires, salariés…) et de faciliter l'évaluation de la stratégie (les objectifs formulés dans le plan sont-ils véritablement atteints ?).

Une fois le plan stratégique défini, l'organisation le décline en plans opérationnels qui détaillent les étapes de mise en œuvre des décisions stratégiques et prévoient les moyens nécessaires pour les appliquer.

Il s'agit des moyens financiers (budgets), humains (recrutements, formation…) ou matériels.

La démarche stratégique s'accompagne également, en général, d'une évaluation régulière de la stratégie retenue et des mesures à prendre pour adapter le plan à l'évolution de l'environnement (crise économique, innovation technologique, apparition de nouveaux concurrents…). Elle implique aussi, lorsque c'est nécessaire, une réorientation stratégique de l'organisation.

PARTI 2 : LA DEMARCHE STRATEGIQUE DE L'ORGANISATION PREND APPUI SUR UNE VEILLE STRATEGIQUE POUR MIEUX COMPRENDRE L'ENVIRONNEMENT ET SES FLUCTUATIONS PERMANENTES.

L'organisation réalise un diagnostic interne mettant en évidence les ressources et les compétences, mais également un diagnostic externe identifiant les opportunités et les menaces de l'environnement. Le diagnostic interne met en évidence les compétences distinctives. Le diagnostic externe aboutit à l'identification des facteurs clés de succès. L'articulation de ces deux éléments conditionne la réussite de la stratégie.

1. La veille stratégique

La veille stratégique consiste à collecter puis analyser des informations actuelles sur son environnement afin de choisir les meilleures orientations stratégiques.

Dans un environnement instable, le dirigeant doit se fonder sur la veille stratégique, afin de diminuer le niveau d'incertitude autant que possible. La surveillance de son environnement permet d'obtenir des informations, telles que l'élaboration un produit concurrent, le développement d'une nouvelle technologie, un changement de réglementation...

2. Le diagnostic interne

Le diagnostic stratégique interne de l'organisation consiste à analyser ses ressources et ses compétences afin de mettre en évidence celles qui constituent des **atouts** (ses points forts) et celles qui représentent des **faiblesses** (ou points faibles). Cette phase du diagnostic stratégique est essentielle parce qu'elle va déterminer les ressources que l'organisation devra exploiter pour se démarquer de ses concurrents et les faiblesses qu'elle devra combler pour rester compétitive.

2.1. L'analyse des ressources internes de l'organisation

Le diagnostic stratégique interne consiste à analyser les différentes ressources de l'organisation et à déterminer s'il s'agit d'atouts ou bien de faiblesses pour elle : les ressources **humaines** (compétences et expérience du personnel ; expérience, savoir-faire et maîtrise des postes de travail ; connaissance des produits, des procédés de production et des clients...), les ressources **matérielles** (locaux, machines, emplacement des boutiques...), les ressources **financières** (capacités de financement, qualité de la trésorerie, confiance des actionnaires et des banques...), les ressources **immatérielles** (réputation et marques, brevets, confiance des clients...).

2.2. L'analyse des compétences de l'organisation

L'organisation combine ses différentes ressources pour développer des compétences particulières. Il s'agit d'un **savoir-faire organisationnel propre à l'entreprise**, susceptible de lui fournir un avantage concurrentiel. Par exemple, les automobiles de l'entreprise Toyota furent longtemps reconnues comme les plus fiables. La qualité des surligneurs de l'entreprise allemande Stabilo lui permet de se distinguer de ses concurrents.

Les performances de ces entreprises résultent de **compétences propres, développées grâce à la manière dont elles combinent leurs ressources** : savoir-faire des salariés, efforts de recherche et de développement, machines-outils adaptées.

3. Le diagnostic externe

Le diagnostic stratégique externe concerne **l'environnement des organisations**. Il permet d'identifier et de distinguer, parmi les éléments de l'environnement de l'organisation, ceux qui constituent des opportunités et ceux qui constituent pour elle des menaces.

3.1. Le microenvironnement

Le microenvironnement est donc constitué des **acteurs** qui entretiennent des relations de **proximité** avec l'organisation. Pour une entreprise, il s'agit de ses clients, ses fournisseurs, ses apporteurs de capitaux (banquiers, actionnaires…).

Pour une association, ses adhérents, ses parrains et mécènes, des collectivités locales qui la subventionnent... Et pour une organisation publique, ses usagers, les autres organisations de son territoire pour les collectivités publiques, les banques qui les financent...

Exemples d'opportunités et menaces du **microenvironnement** :

	Opportunités	**Menaces**
Clients	Un client régulier augmente le volume de ses commandes.	Perte d'un grand client qui va contracter avec un concurrent.
Fournisseurs	Réduction des prix pratiqués par les fournisseurs, partenariats avec les fournisseurs pour améliorer la qualité des produits...	Concentration d'entreprises de fournisseurs qui réduit la capacité à faire jouer la concurrence pour bénéficier de tarifs plus compétitifs.
Financeurs	Augmentation des subventions accordées par la mairie à une association.	Réduction des montants de découvert autorisé par la banque.
Autres parties prenantes	Implantation d'entreprises sur le territoire d'une collectivité locale, source de revenus et d'emplois pour les administrés.	Voisinage des entrepôts se plaignant des nuisances dues à l'activité de l'entreprise (bruit...), usagers d'une mairie se plaignant d'un projet de fermeture d'école.

3.2. Le macro environnement

Le macro environnement désigne l'environnement au sens large de l'organisation.

On l'analysera à travers ses composantes :
Politique, **é**conomique, **s**ocioculturelle, **t**echnologique, **é**cologique
et **l**égale **(PESTEL)**.

Il s'agit en effet d'identifier, pour chacune d'elles, les éléments qui impactent l'organisation et dont elle doit tenir compte pour définir son positionnement stratégique.

Exemples d'opportunités et menaces du **macroenvironnement** :

	Opportunités	**Menaces**
Politique	Pour une association, élection d'un maire qui soutient traditionnellement la vie associative…	Réduction des aides de la Commission européenne pour les associations humanitaires.
Économique	Baisse des taux d'intérêt qui réduisent le coût des investissements.	Crise économique qui réduit le pouvoir d'achat des clients.
Socioculturelle	Tendance globale à un retour de la consommation de produits locaux qui dynamise la demande locale.	Vieillissement de la population qui menace l'équilibre budgétaire de certaines organisations paritaires (Sécurité sociale…).
Technologique	Innovation technologique permettant de réduire les	Innovation qui réduit fortement l'avantage concurrentiel

	coûts de production, de développer de nouveaux produits…	développé de longue date par une entreprise (le numérique dans la photographie qui se substitue à l'argentique).
Écologique	Découverte d'un nouveau composant qui réduit les coûts de production.	Réchauffement climatique qui incite les organisations à diminuer leur consommation d'énergie.
Légale	Réglementation taxant les importations de produits concurrents.	Loi alourdissant la fiscalité des entreprises ou celle des produits distribués.

PARTI 3 : LA MESURE DE L'ATTEINTE DES OBJECTIFS STRATEGIQUES NECESSITE LA DEFINITION D'UN OU PLUSIEURS INDICATEURS DONT IL CONVIENT DE VERIFIER LA PERTINENCE PAR RAPPORT AUX OBJECTIFS, LA VARIETE, LA POSSIBILITE D'UNE EVALUATION DANS LE TEMPS ET DANS L'ESPACE, L'APPROPRIATION PAR LES ACTEURS CONCERNES ET LE NOMBRE DE CONFLITS INTERNES ET LEURS ORIGINES.

1. Le contrôle stratégique

L'environnement de l'organisation est particulièrement instable. Cette instabilité est due à des mutations technologiques, au changement climatique, à l'émergence de nouveaux concurrents, aux évolutions de la situation économique ou financière… qui vont se révéler être de nombreuses sources d'**opportunités** et de **contraintes**.

Ces changements vont entraîner la nécessité d'un contrôle des résultats obtenus par l'organisation.

Le contrôle stratégique consiste à **mesurer les écarts** qui peuvent apparaître entre les objectifs stratégiques définis par les dirigeants et les résultats réels de l'organisation. Sans contrôle stratégique, elle ne sera pas en mesure d'évaluer précisément la réussite de sa stratégie initiale ni les corrections à apporter.

2. Les indicateurs de mesure de la performance

La stratégie engage l'organisation dans la durée et l'importance des ressources mises en œuvre nécessite un contrôle. Celui-ci va être réalisé à partir de deux types d'indicateurs.

Les indicateurs qualitatifs reposent sur des appréciations et ne sont pas quantifiables. Au contraire, les indicateurs quantitatifs s'appuient sur des données chiffrées et mesurables.

Voici une liste non exhaustive d'exemples :

	Entreprises	Associations	Organisations publiques
Critères quantitatifs	Le nombre d'adhérents, le nombre de cotisations payées, le nombre de repas servis.	Le résultat net, le chiffre d'affaires, la profitabilité, la rentabilité, les parts de marché.	Le nombre de prestations réalisées, le montant des impôts prélevés, le nombre de dossiers traités, la durée de traitement des dossiers, le montant de la dette d'une ville.
Critères	La satisfaction	Les réclamations	Le délai de réponse

qualitatifs	des adhérents, la qualité du service.	des clients, le climat social, la satisfaction client, l'image de marque.	aux usagers, la satisfaction des usagers, le rayonnement d'une ville, l'attractivité d'une région.

3. La mise en place d'actions correctrices

En fonction de la veille stratégique et des résultats mesurés par les différents indicateurs de l'organisation, les dirigeants doivent parfois adapter leur stratégie par la réalisation d'actions correctrices. En effet, si des écarts importants apparaissent entre les objectifs originaux et les résultats de l'organisation, alors ils devront intervenir.

Ainsi, le **contrôle stratégique** va aboutir à un maintien ou à une redéfinition de la stratégie de l'organisation, avec diverses conséquences :

- une **nouvelle allocation des ressources** : pour atteindre les résultats souhaités, l'organisation devra peut-être augmenter son personnel, investir davantage dans le matériel, répartir différemment ses moyens en réorganisant… ;
- la **remobilisation des membres de l'organisation** : motiver les membres de l'organisation autour d'un projet, créer un sentiment d'appartenance commune, les sensibiliser à une cause peut permettre une amélioration de la productivité ou de la qualité. Une animation différente des équipes peut également permettre d'atteindre plus facilement les objectifs ;

- la **révision des objectifs** : il est possible que les objectifs initiaux soient inatteignables du fait d'un manque de réalisme ou d'informations imparfaites. L'environnement, par son instabilité, peut également avoir rendu les objectifs inaccessibles et un changement de stratégie nécessaire, avec pour conséquence une nouvelle définition des objectifs.
- Réaliser un SWOT est au coeur de n'importe quelle stratégie marketing.
- Ou en tout cas, si ce n'est pas le cas, ça devrait l'être.
- Car il est difficile de concevoir qu'on puisse lancer un business de façon pérenne sans avoir un peu tâté le terrain avant.
- Et pour ça, la matrice SWOT est idéale.
- Aujourd'hui, je vais tout vous dire sur cette fameuse matrice, qui semble tout droit sortie d'un film de science fiction.
- Et vous verrez qu'à la fin de cet article, vous saurez l'apprécier à sa juste valeur.
- Ah, et surtout, vous saurez comment réaliser un SWOT.
- Parce que bon, c'est quand-même le but de l'article à la base.

CHAP 3 : MATRICE SWOT

La matrice SWOT est un outil d'analyse qui fait partie de ce qu'on appelle le marketing stratégique.

C'est-à-dire l'ensemble des objectifs à atteindre pour une entreprise.

Le marketing stratégique comporte trois phases, dont la première consiste en une analyse poussée de l'environnement de l'entreprise.

Et au sein même de cette analyse, on trouve une phase d'introspection.

C'est à ce moment-là qu'intervient la matrice SWOT.

PARTI 1 : L'ACRONYME SIGNIFIE LITTERALEMENT
: *STRENGHTS, WEAKNESSES, OPPORTUNITIES, THREATS.*

Vous l'avez peut-être vu sous le nom de MOFF, qui est l'équivalent en français de menaces, opportunités, forces, faiblesses.

Vous noterez que l'ordre est inversé selon l'acronyme, et que ce n'est pas tout à fait anodin.

Mais ça, je vous en parle après.

Un SWOT, c'est donc une analyse profonde de l'entreprise, et de tous les éléments qui gravitent autour d'elle.

Réaliser un SWOT permet ainsi d'y voir plus clair quant à la stratégie de marketing opérationnel à adopter.

Pourquoi réaliser un SWOT ?

- Réaliser un SWOT est particulièrement indiqué pour une entreprise en développement.
- Soit en cours de création, soit en phase de lancement.
- Le SWOT peut aussi être utile pour une entreprise qui souhaite diversifier son activité, avec le lancement d'un nouveau produit par exemple.

- C'est un outil d'analyse très complet, qui permet de balayer tous les domaines stratégiques.
- Car il permet non seulement de comprendre l'environnement externe, mais aussi les problématiques internes à l'entreprise.
- De plus, la matrice SWOT est très simple à mettre en oeuvre et à appréhender.
- Elle permet d'avoir une vue d'ensemble rapidement et simplement, afin de prendre les bonnes décisions pour le futur.

Une matrice en trois étapes

Pour réaliser un SWOT, il est nécessaire de bien respecter trois étapes essentielles.

On commencera par un diagnostic externe.

Ce diagnostic portera sur les opportunités et les menaces extérieures à l'entreprise.

Puis on pourra passer à la seconde étape, à savoir le diagnostic interne.

Ici, il s'agira d'analyser les forces et les faiblesses intrinsèques à l'entreprise.

Les résultats de ces deux analyses seront ensuite croisés, et donneront des indices sur la meilleure stratégie opérationnelle à adopter.

Et comme je vous le disais tout à l'heure, il ne faut pas le faire dans n'importe quel ordre.

Car il est moins pertinent d'analyser les forces et faiblesses d'une entreprise, sans savoir à quelles menaces elle peut se heurter, ni de quelles opportunités elle peut profiter.

Pour réaliser un SWOT, il faut donc bien respecter cet ordre-là.

Étape 1 : le diagnostic externe

- Cette première étape va donc porter sur les menaces et les opportunités auxquelles peut faire face une entreprise.
- On conseille généralement de commencer par les menaces, car le pire n'est jamais décevant.
- Et ce sera plus facile de voir les opportunités une fois que vous aurez compris ce qui peut vous impacter négativement.
- La principale menace, celle qui saute aux yeux, c'est bien évidemment la concurrence.
- Réaliser un SWOT commence en effet par une étude poussée de tous les concurrents, directs comme indirects.
- Il doit aussi porter sur le marché, et sur son état : en croissance ou en déclin, de masse ou de niche, etc.
- La matrice SWOT peut également inclure l'analyse de la législation.
- Une législation défavorable sera à classer dans les menaces, alors qu'une législation favorable fera plutôt partie des opportunités.
- Parmi les opportunités, on peut citer le fait d'être le premier sur un marché par exemple, et donc l'absence totale de concurrence.
- Bref, le tout est de bien analyser toutes les menaces et opportunités, et de les prioriser en fonction de leur importance.
- Puis on pourra ensuite passer au diagnostic interne.

Étape 2 : le diagnostic interne

- Cette deuxième étape va concerner cette fois-ci les forces et les faiblesses de l'entreprise elle-même.
- Là encore, il vaudra mieux commencer par le négatif si vous voulez bien passer cette étape du SWOT.

- Parmi les faiblesses d'une entreprise, on peut notamment penser à l'aspect financier.
- Car le budget, ou plutôt le non budget, est souvent un souci au démarrage d'une société.
- L'absence de notoriété est également un problème que beaucoup de jeunes entreprises rencontrent.
- Quant aux forces, il peut s'agir de l'avantage concurrentiel par exemple.
- Avantage qui peut résider dans le fait de posséder une technologie inédite, ou d'avoir créé un nouveau marché.
- L'expérience peut également représenter une belle force pour une entreprise.

Étape 3 : conclusion

Une fois les diagnostics externe et interne terminés, il faut recouper toutes les informations obtenues et en tirer des conclusions.

L'analyse de toutes ces données vous donnera des idées de marketing opérationnel.

Mais réaliser un SWOT pertinent implique de hiérarchiser toutes les informations obtenues.

Car vous risquez de vous retrouver avec des tonnes d'informations, dont toutes ne vous serviront pas forcément.

Il faut donc procéder comme un entonnoir inversé.

Au début du SWOT, on note tout ce qui peut s'avérer utile, et on fait le tri au fur et à mesure.

Jusqu'à arriver à l'étape finale, qui doit permettre de ne conserver que les données les plus pertinentes.

A se renseigner sur la manière d'atteindre ses objectifs.

Il faut aussi accepter que ça prenne un peu de temps.

Mais c'est une étape indispensable pour démarrer du bon pied.

Il faut donc bien prendre son temps, et ne pas précipiter les choses.

Qu'est-ce que la méthode PESTEL ?

Le **modèle PESTEL**, aussi appelé **méthode PESTEL** ou encore **analyse PESTEL**, vous permet d'analyser et d'anticiper les opportunités et menaces de votre macro-environnement (ensemble des variables externes qui ont un impact positif ou négatif sur votre entreprise).

Le **modèle PESTEL** permet d'avoir une vision globale de son environnement, puisqu'il distingue six catégories d'influences macro-environnementales qui peuvent impacter votre activité, et qui forment son acronyme :
- **Politique** : ensemble des décisions prises par les gouvernements nationaux et internationaux (politique fiscale, commerce extérieur…)
- **Economique** : ensemble des facteurs qui jouent sur le pouvoir d'achat et sur le comportement des consommateurs (inflation, chômage, revenus disponibles, taux d'intérêt…)
- **Sociologique** : ensemble des caractéristiques sociales qui jouent sur le pouvoir d'achat (démographie, religion, attitude de loisirs, de travail, répartition des revenus…)
- **Technologique** : ensemble des innovations technologiques qui peuvent perturber le marché existant (investissement privé ou public en R&D, nouveaux brevets, vitesse de transfert…)
- **Ecologique** : ensemble des réglementations et contraintes liées au développement durable (traitement des déchets, consommation d'énergie, lois sur les protections environnementales…)

- **Légal** : ensemble des réglementations et législations, qui encadrent le marché du travail et les entreprises de tous secteurs (droit du travail, droit du commerce, norme de sécurité, loi sur les monopoles…)

L'analyse PESTEL se réalise en trois étapes :

- D'abord, listez l'ensemble des facteurs d'influence en vous aidant des données disponibles comme la Presse, Internet, le brainstorming, l'intelligence économique ou la prospective.
- Ensuite, vous devez les regrouper afin d'identifier les tendances structurelles. L'analyse ne doit pas s'arrêter à une simple liste, elle doit définir les facteurs les plus impactant sur votre activité. D'une manière générale, toutes les variables qui influencent votre entreprise n'ont pas la même importance dans le temps, et selon les secteurs d'activité. Vous pouvez classer ces facteurs à l'aide d'un tableau et mesurer leur impact plus ou moins fort sur une échelle de 1 à 5 par exemple.
- Enfin, déterminez si ces tendances impactent de manière positive ou négative votre entreprise. En dégageant ces opportunités et menaces macro-environnementales, vous serez en mesure de mettre en place une stratégie d'entreprise, ainsi qu'une stratégie commerciale mieux adaptées.

Grâce à la **matrice PESTEL**, vous pourrez décider d'une politique d'entreprise engageant des moyens financiers, humains et matériels pour plusieurs années. Pour vous, entrepreneurs de tous secteurs, c'est un excellent outil marketing pour prendre les bonnes décisions aux bons moments et optimiser votre plan d'action commercial.

CONCLUSION

En définitive, le positionnement est une promesse. La promesse faite à votre cible, que votre produit leur apportera, mieux que tout autre, les bénéfices escomptés grâce à ses caractéristiques uniques. Comme toute promesse, il faut pouvoir et savoir la tenir !

L'**analyse SWOT** d'une entreprise peut se diviser en deux parties : Tout d'abord, une **analyse** de l'environnement interne, lors de laquelle les forces et les faiblesses de l'entreprise seront identifiées ; Puis, une **analyse** de l'environnement externe, ayant pour but d'identifier les menaces et les opportunités.

Réaliser un **SWOT** est particulièrement indiqué pour une entreprise en développement. Soit en cours de création, soit en phase de lancement. Le **SWOT** peut aussi être utile pour une entreprise qui souhaite diversifier son activité, avec le lancement d'un nouveau produit par exemple.

D'abord, listez l'ensemble des facteurs d'influence en vous aidant des données disponibles comme la Presse, Internet, le brainstorming, l'intelligence économique ou la prospective. Ensuite, vous devez les regrouper afin d'identifier les tendances structurelles.

Dans un environnement instable, le dirigeant doit se baser sur la veille stratégique, pour mieux comprendre l'environnement et ses fluctuations permanentes. L'évaluation de la situation stratégique de l'organisation se fait par le biais d'un double diagnostic…: du point de vue interne, il consiste à recenser les forces et les faiblesses du fonctionnement de l'organisation, notamment en termes de ressources (humaines, compétences, financières, matérielles…). Du point de vue externe, il consiste à identifier les menaces et opportunités de l'environnement et à anticiper son évolution. On distinguera le microenvironnement, qui est l'environnement proche et immédiat de l'organisation (clients, fournisseurs…), de son macro environnement, constitué des éléments plus larges et éloignés de son environnement immédiat (PESTEL).

Pour bien réaliser un SWOT, il faut également essayer de garder au maximum à l'esprit ses objectifs.

Car c'est bel et bien à ça que sert cet outil d'analyse.

www.ingramcontent.com/pod-product-compliance
Lightning Source LLC
Chambersburg PA
CBHW030451220526
45464CB00006B/2492